W. Kast · O. Krischer · H. Reinicke · K. Wintermantel

Konvektive Wärme- und Stoffübertragung

Einheitliche Darstellung für durchströmte Kanäle und umströmte Körper beliebiger Gestalt und Anordnung

Springer-Verlag Berlin · Heidelberg · New York 1974

Dr.-Ing. WERNER KAST
Professor an der Technischen Hochschule Darmstadt
Direktor des Instituts für Thermische Verfahrenstechnik und Heizungstechnik

Dr.-Ing. Dr.-Ing. E. h. OTTO KRISCHER
em. Professor der Technischen Hochschule Darmstadt

Dr.-Ing. HELMUT REINICKE
Badische Anilin- & Soda-Fabrik AG, Ludwigshafen/Rh.

Dr.-Ing. KLAUS WINTERMANTEL
Badische Anilin- & Soda-Fabrik AG, Ludwigshafen/Rh.

Mit 18 Abbildungen im Text
und 10 Arbeitsdiagrammen in der Tasche

ISBN 978-3-540-06384-1   ISBN 978-3-642-52184-3 (eBook)
DOI 10.1007/978-3-642-52184-3

Das Werk ist urheberrechtlich geschützt. Die dadurch begründeten Rechte, insbesondere die der Übersetzung, des Nachdruckes, der Entnahme von Abbildungen, der Funksendung, der Wiedergabe auf photomechanischem oder ähnlichem Wege und der Speicherung in Datenverarbeitungsanlagen bleiben, auch bei nur auszugsweiser Verwertung, vorbehalten.
Bei Vervielfältigungen für gewerbliche Zwecke ist gemäß § 54 UrhG eine Vergütung an den Verlag zu zahlen, deren Höhe mit dem Verlag zu vereinbaren ist.
© by Springer-Verlag, Berlin/Heidelberg 1974.
Library of Congress Catalog Card Number 73-10780

Die Wiedergabe von Gebrauchsnamen, Handelsnamen, Warenbezeichnungen usw. in diesem Buche berechtigt auch ohne besondere Kennzeichnung nicht zu der Annahme, daß solche Namen im Sinne der Warenzeichen- und Markenschutz-Gesetzgebung als frei zu betrachten wären und daher von jedermann benutzt werden dürften.

Vorwort

Als Professor Dr.-Ing. Dr.-Ing. E.h. O.Krischer Anfang der 50er Jahre sein Buch "Die wissenschaftlichen Grundlagen der Trocknungstechnik" schrieb, suchte er einen Weg, der bei den vielfältigen Problemen der Wärme- und Stoffübertragung in der Trocknungstechnik eine einheitliche und zusammenfassende Darstellung ermöglicht. Die Einführung einer von Krischer als "Anströmlänge" bezeichneten charakteristischen Länge liess zunächst die Vielfalt geometrischer Formen umströmter Körper auf einer "Mittelkurve" für den Wärme- und Stoffübergang zusammenfallen. Doch befinden sich in der Technik umströmte Körper nicht in einem unendlich ausgedehnten Medium, sondern sie sind in einem Kanal angeordnet oder bilden ein Haufwerk. Die Erfassung dieses technisch so wichtigen Gebietes zwischen den Extremen des umströmten Körpers und des durchströmten Kanals gelang durch Einführung des "äquivalenten Durchmessers", einer sinnvollen Geschwindigkeitsdefinition, und den Bezug auf die konstante Temperaturdifferenz zu Beginn des Austausches. In zahlreichen Arbeiten seiner Mitarbeiter liess Krischer diesen Weg weiter ausbauen und experimentell untersuchen. So kann heute das gesamte Gebiet der konvektiven Wärme- und Stoffübertragung bei freier und erzwungener Strömung, bei hohen und niedrigen Pr- bzw. Sc-Zahlen, laminarer und turbulenter Strömung für praktisch alle möglichen Anordnungen der austauschenden Oberfläche dargestellt werden.

Entscheidend bei der Einordnung vielfältiger theoretischer und experimenteller Erkenntnisse war, dass keine höhere Genauigkeit angestrebt wurde, als bei den praktischen Problemen der Wärme- und Stoffübertragung natürlicherweise gegeben ist; in der Regel also etwa ±15 %. Diese ingenieurmässige Einschätzung der zu behandelnden Probleme wurde von O.Krischer bereits dem oben erwähnten Buch als Motto vorangestellt:

"Der geschulte Mann erstrebt in jedem Fachgebiet keine grössere Genauigkeit, als
  das Wesen des Gegenstandes (vernünftigerweise) zulässt."
                    Aristoteles, Nikomachische Ethik

Die einheitliche Darstellung soll nicht ausschliessen, dass bei einfachen und klar festlegbaren Übergangsproblemen, z.B. beim Wärmeübergang in langen Rohren, die bekannten Gesetzmässigkeiten einfacher und evtl. auch genauer (wenn aus Gründen der Darstellung die Ablesbarkeit ungenau wird) ein Ergebnis liefern. Doch gerade bei den vielen technisch oft nicht so einfach zu definierenden Problemen des Wärme- und Stoffaustausches - vor allem im Übergangsgebiet zwischen um- und durchströmten Geometrien bei Haufwerken, Rohrbündeln u.ä. - bietet die einheitliche Darstellung den Vorteil, dass eine Einordnung komplexer Übergangsprobleme in bekannte Zusammenhänge erreicht wird. So können der Anwendungsbereich und die Gültigkeitsgrenzen empirischer Beziehungen nach Übertragen in die einheitliche Darstellung sofort erkannt werden.

Diese Arbeiten sind jetzt zu einem gewissen Abschluss gekommen, so dass es mir als Nachfolger von Professor Krischer gerechtfertigt erscheint, alle Arbeiten zusammenzufassen und als geschlossenes Werk mit Arbeitsdiagrammen für die Anwendung herauszugeben.

Mein Dank gilt in erster Linie Herrn Professor Krischer, der mich, wie viele andere Mitarbeiter, anleitete, das Gemeinsame in der Vielfalt der physikalischen und technischen Erscheinungen zu suchen, ohne das ein Erfassen der immer zahlreicher und komplexer werdenden Zusammenhänge nicht mehr möglich erscheint. Auch heute noch beim Abfassen dieses Werkes verdanke ich Herrn Professor Krischer viele Hinweise aus seiner reichen Erfahrung.

Herr Dr.-Ing. H. Reinicke hat in seiner Dissertation das Übergangsgebiet zwischen laminarer und turbulenter Strömung untersucht und in die einheitliche Darstellung eingebaut. Dieses schwierige Problem war lange offen und bildete den Abschluss der zahlreichen Arbeiten. Auch wurde von ihm die Erweiterung der zunächst nur für Luft gültigen Diagramme auf andere Pr- bzw. Sc-Zahlen theoretisch und experimentell erarbeitet.

Das Zusammentragen aller Erkenntnisse aus den Arbeiten der Schüler von Professor Krischer und fremder Autoren, das Vergleichen und Einarbeiten in die gemeinsame Darstellung wurde von Herrn Dr.-Ing. K. Wintermantel besorgt. Nur wer für ein grösseres Werk derartige Literaturrecherchen und Umrechnungen schon einmal gemacht hat, weiss, welche Mühe eine derartige Arbeit bereitet, welche Sorgfalt bei der Auswertung der verschiedenen Ansätze notwendig und auch welches Einfühlungsvermögen für das Trennen des Wesentlichen vom Unwesentlichen erforderlich ist.

Ich freue mich, dass sich der Springer-Verlag bereit erklärt hat, dieses Werk herauszugeben, und danke ihm für die Herausgabe in der gewohnten ansprechenden, klaren und sorgfältig durchgesehenen Aufmachung.

Darmstadt, den 1. September 1973

Werner Kast

Inhaltsverzeichnis

Bezeichnungen, Indizes, Kennzahlen VII

Einführung 1

  I. Definitionen 4

    1. Wärme- und Stoffübergangskoeffizienten 4

      1.1 Konstanter Zustand längs der Oberfläche 4

      1.2 Die Temperatur- bzw. Konzentrationsdifferenz bei veränderlichem Oberflächenzustand 5

      1.3 Umrechnung der verschieden bezogenen Übergangskoeffizienten 6

    2. Bewegungskenngrössen 7

    3. Mittlere Strömungsgeschwindigkeit 7

    4. Hohlraumanteil (Porosität) Ψ 7

    5. Anströmlänge L' 8

    6. Gleichwertiger Durchmesser D^* 8

    7. Austauschparameter θ 10

    8. Bezugstemperatur für die Stoffwerte 10

 II. Analogie der Beziehungen für den Wärme- und Stoffaustausch 11

    1. Äquimolarer Transport 11

    2. Nicht-äquimolarer Transport 12

III. Grundlagen der einheitlichen Darstellung 15

    1. Vollkommener thermischer Ausgleich, Austauschparameter und Umrechnungsfaktor 15

    2. Durchströmte Kanäle 16

      2.1 Laminar durchströmte Kanäle 16

        2.1.1 Thermischer Anlauf bei hydrodynamisch ausgebildeter laminarer Strömung
           a) Rohr b) Spalt 16

        2.1.2 Thermischer und hydrodynamischer Anlauf bei laminarer Strömung 18

      2.2 Turbulent durchströmte Kanäle 19

    3. Umströmte Einzelkörper 24

      3.1 Einzelkörper im unendlich ausgedehnten Medium 24

        3.1.1 Mittelkurve 24

        3.1.2 Überlagerung von freier und erzwungener Konvektion 26

      3.2 Einzelkörper im begrenzten Medium 28

      3.3 Die Gesetzmässigkeiten des Wärmeübergangs an umströmten Einzelkörpern und durchströmten Kanälen in der einheitlichen Darstellungsweise - Übereinstimmung und Unterschiede 29

Inhaltsverzeichnis

4. Haufwerke 31
   4.1 Geordnete Haufwerke 31
      4.1.1 Einlagige Haufwerke (z.B. Rohrreihe) 31
      4.1.2 Vielschichtige Haufwerke (z.B. Rohrbündel) 32
          4.1.2.1 Wärmeübergang im Innern des Haufwerkes 32
          4.1.2.2 Bestimmung der gesamten in einem Haufwerk übertragenen Wärmemenge 38
   4.2 Ungeordnete Haufwerke in Festbetten und Wirbelbetten 39
      4.2.1 Charakteristische Grössen 39
      4.2.2 Übergangsverhalten 42
      4.2.3 Wärmeübergangskoeffizient des gesamten Haufwerks 43

5. Die Arbeitsdiagramme 44

IV. Zahlenbeispiele 46
   Aufgabe 1: Querangeströmtes Rohr im sehr weiten Kanal 46
   Aufgabe 2: Querangeströmtes Rohr im engen Kanal 47
   Aufgabe 3: Durchströmtes langes Rohr 48
   Aufgabe 4: Durchströmtes kurzes Rohr 50
   Aufgabe 5: Rohrbündel 52
   Aufgabe 6: Ungeordnetes Haufwerk 55

Anhang 60
Stoffwerte für trockene Luft 60
Stoffwerte für Wasser 61
Stoffwerte für Wasserdampf 62
Literaturverzeichnis 63

In der Tasche befinden sich 10 Arbeitsdiagramme

Bezeichnungen, Indizes, Kennzahlen

A	Austauschfläche	m^2
a	Temperaturleitkoeffizient	m^2/s
a,b,c	Teilungsverhältnisse in Rohrbündeln	-
B	Grösse nach Gl. (II,10)	-
C_p	Molwärme	kJ/kmol K
c	molare Dichte	$kmol/m^3$
c_A	Konzentration der Komponente A	$kmol/m^3$
c_p	spez. Wärme	kJ/kg K
D	Durchmesser	m
$\mathcal{D}$	Diffusionskoeffizient	m^2/s
F	Strömungsquerschnitt	m^2
H	Höhe einer Anordnung	m
h	Höhe einer Schicht	m
K	Korrekturgrösse nach Gl. (II,15)	-
L	Länge	m
$\dot{M}$	Massenstrom	kg/s
N	Teilchenzahl	$1/m^3$
$\dot{N}$	Mengenstrom	kmol/s
n	Reihenzahl oder Potenz in Gl. (II,5)	-
$\dot{n}$	Mengenstromdichte	$kmol/m^2 s$
o	spez. Oberfläche	m^2/m^3
P	Gesamtdruck	bar
p	Partialdruck	bar
$\dot{Q}$	Wärmestrom	W
$\dot{q}$	Wärmestromdichte	W/m^2
$\mathcal{R}$	allgemeine Gaskonstante	kJ/kmol K
s	Teilung	m
T	absolute Temperatur	K
U	Umfang	m
V	Volumen	m^3
$\dot{V}$	Volumstrom	m^3/s

VIII Bezeichnungen, Indizes, Kennzahlen

w	Geschwindigkeit	m/s
x	laufende Ordinate	m
y	Molenbruch	-
α	Wärmeübergangskoeffizient	W/m²K
β	Stoffübergangskoeffizient	m/s
ε	Ausdehnungskoeffizient	1/K
γ	Korrekturgrösse nach Gl. (II,14)	-
λ	Wärmeleitkoeffizient	W/mK
μ	relative Molmasse	kg/kmol
ν	kinematische Zähigkeit	m²/s
ϕ	Verhältnis der Mengen- oder Energieströme nach Gl. (II,7)	-
ψ	Hohlraumanteil (Porosität)	-
ρ	Dichte	kg/m³
θ	Austauschparameter nach Gl. (I,23)	-
ϑ	Temperatur	K

Indizes

A	Komponente, deren Transport betrachtet wird
a	Austrittszustand des Mediums
ar	arithmetisch gemittelt
B	Komponente(n), in der die Komponente A transportiert wird
E	Energie
e	Eintrittszustand des Mediums
l	längs
M	Medium
m	mittlerer Wert
N	Menge
O	Oberfläche
o	Anfangswert, Bezugswert
p	bei konstantem Druck
q	quer
D^{*}, L')	bezogen auf charakteristische Abmessungen in den Kenngrössen

Bezeichnungen, Indizes, Kennzahlen

Kennzahlen

$Nu_D^* = \dfrac{\alpha\, D^*}{\lambda}$ Nusseltsche Kennzahl

$Nu'_D^* \;(\equiv Sh_D^*) = \dfrac{\beta\, D^*}{\mathcal{D}}$ Nusseltsche Kennzahl für den Stoffaustausch (Sherwoodsche Kennzahl)

$Pr = \dfrac{\nu}{a}$ Prandtlsche Kennzahl

$Sc \;(\equiv Pr') = \dfrac{\nu}{\mathcal{D}}$ Schmidtsche Kennzahl

$Re_{L'} = \dfrac{w_m\, L'}{\nu}$ Reynoldssche Kennzahl

$Pe_D^* = \dfrac{w_m\, D^*}{a}$ Pécletsche Kennzahl

$Pe'_D^* = \dfrac{w_m\, D^*}{\mathcal{D}}$ Pécletsche Kennzahl für den Stoffaustausch

$Gr_{L'} = \dfrac{L^3\, g\, \varepsilon\, (\vartheta_O - \vartheta_M)}{\nu^2}$ Grashofsche Kennzahl für den Wärmeaustausch

$Gr'_{L'} = \dfrac{L'^2\, H\, g\, (\rho_O - \rho_M)/\rho_O}{\nu^2}$ allgemeine Grashofsche Kennzahl

$Le = \dfrac{Sc}{Pr} = \dfrac{a}{\mathcal{D}}$ Lewissche Kennzahl

Einführung

Die Notwendigkeit, die vielgestaltigen Probleme des Wärme- und Stoffaustausches in einen grösseren Zusammenhang zu stellen, sowie die Forderung nach einer technisch vernünftigen Abschätzung auch des formelmässig nicht mehr erfassbaren Einzelfalles veranlassten O.Krischer und Mitarbeiter, eine Darstellungsweise zu entwickeln, die eine umfassende Einordnung der Gesetzmässigkeiten des Wärme- und Stoffüberganges erlaubt [8, 32, 37, 38, 39, 40, 41, 42, 55].

Anhand zahlreicher Messungen und vergleichender Untersuchungen [39] gelang es, den Wärme- und Stoffübergang an luftüberströmten Einzelkörpern unterschiedlicher Gestalt weitgehend einheitlich zu beschreiben. Als charakteristische geometrische Länge wurde die Anströmlänge L' gewählt. Sie entspricht dem mittleren Strömungsweg entlang der Oberfläche eines umströmten Körpers. Mit einer Genauigkeit von ±15 % lassen sich so sämtliche Ergebnisse einer mittleren Kurve - Mittelkurve nach O.Krischer - zuordnen, sofern die Körper keine ausgesprochen konkaven Flächen aufweisen.

Die Mittelkurve stimmt in ihrem unteren Bereich ($10^2 < Re_{L'} < 10^3$) mit der theoretischen Lösung für den Wärme- bzw. Stoffübergang an der ebenen Platte überein und folgt im oberen Bereich ($Re_{L'} > 5 \cdot 10^5$) der Lösung für die turbulente Grenzschicht an der ebenen Platte. Ebenso stimmt bei sehr kurzen Rohren die Mittelkurve mit den Lösungen für laminar und turbulent durchströmte Rohre überein. Es lag daher nahe, eine zusammenfassende Darstellung für umströmte Körper und durchströmte Kanäle zu entwickeln.

Zu diesem Zweck war es erforderlich, das treibende Potential einheitlich zu definieren. Als Bezug für die Wärmeübergangszahl erschien die Temperaturdifferenz zwischen der konstanten Oberflächentemperatur ϑ_0 und der Mediumstemperatur am Eintritt ϑ_e gemäss der Definitionsgleichung

$$Q = A \cdot \alpha_e (\vartheta_0 - \vartheta_e)$$

zweckmässig. Entsprechend wird ein Stoffübergangskoeffizient β_e definiert:

$$N_A = A \cdot \beta_e (c_{AO} - c_{Ae})$$

Diese für überströmte Körper übliche Betrachtungsweise bietet den Vorteil, dass in vielen Fällen die Wärme- bzw. Stoffmengen unmittelbar - und nicht iterativ wie bei der Wahl von Mittelwerten (arithmetisch oder logarithmisch) als treibende Potentialdifferenzen - berechnet werden können. Eine Umrechnung der unterschiedlich definierten Übergangszahlen ist in einfacher Weise möglich.

Einführung

Als unabhängige Variable für die in den Diagrammen aufgetragene dimensionslose Wärmeübergangszahl Nu_D^* bzw. Stoffübergangszahl $Nu'_D^* \equiv Sh_D^*$ wurde die dimensionslose Grösse

$$Pe_D^* \cdot D^*/L' = \frac{w \cdot D^*}{a} \cdot \frac{D^*}{L'}$$

bzw. $$Pe'_D^* \cdot D^*/L' = \frac{w \cdot D^*}{\delta} \cdot \frac{D^*}{L'}$$

gewählt, die sowohl bei laminarer ausgebildeter Strömung mit thermischem Anlauf des Temperaturprofils (Graetz-Nusselt-Problem) als auch beim Erreichen des Temperaturausgleichs am Austritt des Mediums allein den Wärme- und Stoffübergang bestimmt.

Unabhängig von den geometrischen Abmessungen und der Pr- bzw. Sc-Zahl lässt sich in diesen beiden Fällen der gesamte Bereich der Wärme- und Stoffübergangszahlen übersichtlich abgrenzen. Ausserdem kann bei dieser Darstellungsweise der Austauschgrad, d.h. das Verhältnis der erreichten Temperaturänderung zur maximal möglichen, unmittelbar aus den Diagrammen mit Hilfe eines Maßstabes abgegriffen werden. Mit diesem Austauschparameter ist die Austrittstemperatur des strömenden Mediums gegeben sowie auch unmittelbar das Verhältnis des auf die logarithmische Temperaturdifferenz bezogenen Wärme- oder Stoffübergangskoeffizienten zu dem hier definierten.

Durch sinnvolle Definitionen von charakteristischen Längen D^* und L' sowie einer wirksamen Geschwindigkeit w_m konnte die zunächst für überströmte Einzelkörper und durchströmte Kanäle entwickelte Darstellung auch auf Haufwerke ausgedehnt werden [32, 41, 42, 55]. Es gelang eine in Anbetracht der Vielfältigkeit überraschend einfache Einordnung der Wärme- und Stoffübergangsmessungen an geordneten und ungeordneten, einlagigen und vielschichtigen, ruhenden und verwirbelten Haufwerken, bestehend aus Einzelkörpern unterschiedlicher Formen. In dieser Darstellung wird die bekannte Unsicherheit im Gebiet des Umschlages von laminarer zu turbulenter Strömung deutlich sichtbar. Durch Abschätzen einer kritischen Reynoldszahl für den Umschlag, die von den Zuströmbedingungen des Mediums abhängt, kann diese Unsicherheit eingegrenzt werden.

Unter Berücksichtigung zahlreicher Untersuchungen an Rohrbündeln (geordnete Haufwerke) konnte eine differenziertere Betrachtung des Übergangsgebietes für Rohrbündel gegenüber den ungeordneten Haufwerken vorgenommen werden [35].

Die Untersuchungen, die sich zunächst auf eine Pr-Zahl (Pr = 0,72 für Luft, Rauchgas) beschränkten, konnten schliesslich in der hier entwickelten Betrachtungsweise auch auf den Wärmeübergang bei zähen Flüssigkeiten übertragen werden [42, 55].

Die vorliegende Veröffentlichung enthält eine Zusammenfassung der bisherigen Ergebnisse in Form von Arbeitsblättern, deren weiter Gültigkeitsbereich aus dem Übersichtsschema hervorgeht. Aufbau und Handhabung der Diagramme werden im folgenden erläutert. Zur Verdeutlichung sind einige Zahlenbeispiele angefügt.

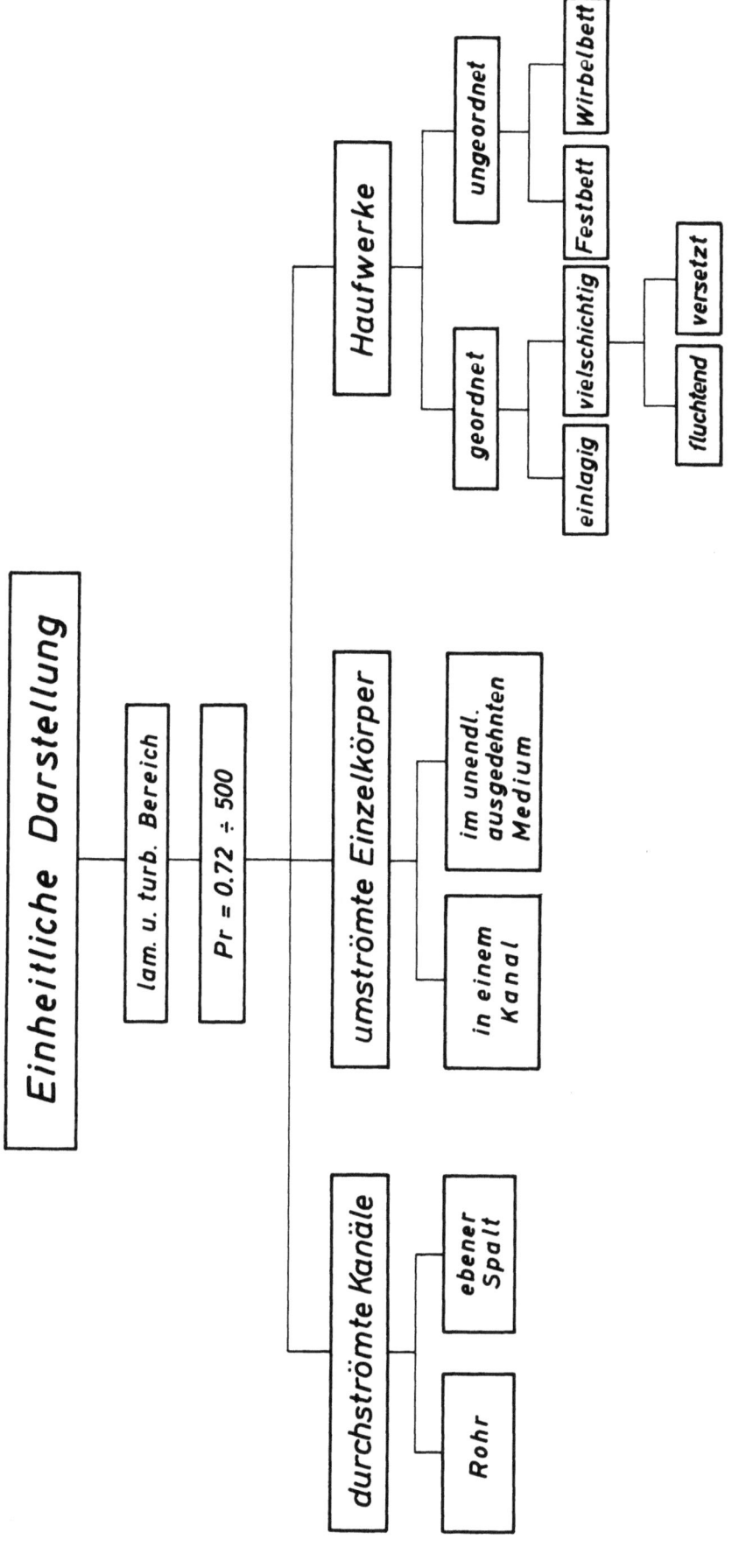

I Definitionen

1. Wärme- und Stoffübergangskoeffizienten

1.1 Konstanter Zustand längs der Oberfläche

Der Zahlenwert eines mittleren Wärme- (α) bzw. Stoffübergangskoeffizienten (β) ist bei konstanter Oberflächentemperatur ϑ_O bzw. konstanter Oberflächenkonzentration c_{AO} der übergehenden Komponente A nach den Gleichungen

$$\dot{Q} = A \cdot \alpha \, (\vartheta_O - \vartheta_M) = A \cdot \dot{q} \tag{I,1}$$

$$\dot{N}_A = A \cdot \beta \, (c_{AO} - c_{AM}) = A \cdot \dot{n}_A \tag{I,2}$$

von der Definition der Temperatur ϑ_M bzw. der Konzentration c_{AM} des Mediums abhängig.

Anstelle der Mengenströme $\dot{N}_A$ werden auch Massenströme $\dot{M}_A$, anstelle der Konzentration c_A auch Partialdrücke p_A, Partialdichten ρ_A oder Molenbrüche y_A verwendet. Zwischen diesen Grössen bestehen die Beziehungen

$$\dot{M}_A = \mu_A \cdot \dot{N}_A$$

$$y_A = \frac{\rho_A/\mu_A}{\rho/\mu} = \frac{c_A}{\rho/\mu}$$

bei idealen Gasen:

$$y_A = \frac{p_A}{P} = \frac{c_A}{P/RT} = \frac{\rho_A}{P\mu_A/RT}$$

Während bei umströmten Einzelkörpern im ausgedehnten Medium nur das Einsetzen der maximalen Potentialdifferenz sinnvoll ist, können bei durchströmten Kanälen und Haufwerken die Übergangskoeffizienten wie folgt bezogen werden:

a) auf den Eintrittszustand

Wärmeübergang	Stoffübergang	
$\vartheta_M = \vartheta_e$	$c_{AM} = c_{Ae}$	
$\dot{Q} = A \cdot \alpha_e \, (\vartheta_O - \vartheta_e)$	$\dot{N}_A = A \cdot \beta_e \, (c_{AO} - c_{Ae})$	(I,3)

1. Wärme- und Stoffübergangskoeffizienten

b) auf das logarithmische Mittel

$$\vartheta_M = \vartheta_O - \overline{\Delta\vartheta} \qquad\qquad c_{AM} = c_{AO} - \overline{\Delta c}_A$$

$$\overline{\Delta\vartheta} = \frac{\vartheta_a - \vartheta_e}{\ln\frac{\vartheta_O - \vartheta_e}{\vartheta_O - \vartheta_a}} \qquad\qquad \overline{\Delta c}_A = \frac{c_{Aa} - c_{Ae}}{\ln\frac{c_{AO} - c_{Ae}}{c_{AO} - c_{Aa}}} \qquad (I,4)$$

(ϑ_a = Temp. am Austritt) \qquad (c_{Aa} = Konz. am Austritt)

$$\dot{Q} = A \cdot \overline{\alpha}\,\overline{\Delta\vartheta} \qquad\qquad \dot{N} = A \cdot \overline{\beta}\,\overline{\Delta c}_A \qquad (I,5)$$

c) auf das arithmetische Mittel

$$\vartheta_M = \frac{\vartheta_a + \vartheta_e}{2} \qquad\qquad c_{AM} = \frac{c_{Aa} + c_{Ae}}{2}$$

$$\dot{Q} = A \cdot \alpha_{ar} \cdot (\vartheta_O - \frac{\vartheta_a + \vartheta_e}{2}) \qquad \dot{N} = A \cdot \beta_{ar} \cdot (c_{AO} - \frac{c_{Aa} + c_{Ae}}{2}) \qquad (I,6)$$

Entsprechend gilt für den dimensionslosen Wärmeübergangskoeffizienten Nu und den dimensionslosen Stoffübergangskoeffizienten Nu' ≡ Sh, die hier mit einem gleichwertigen Durchmesser D^* (s.u.) gebildet werden:

a) $\mathrm{Nu}_{D^*e} = \dfrac{\alpha_e \cdot D^*}{\lambda} \qquad\qquad \mathrm{Nu'}_{D^*e} = \dfrac{\beta_e \cdot D^*}{\mathcal{D}} \qquad (I,7)$

b) $\overline{\mathrm{Nu}}_{D^*} = \dfrac{\overline{\alpha} \cdot D^*}{\lambda} \qquad\qquad \overline{\mathrm{Nu'}}_{D^*} = \dfrac{\overline{\beta} \cdot D^*}{\mathcal{D}} \qquad (I,8)$

c) $\mathrm{Nu}_{D^*ar} = \dfrac{\alpha_{ar} \cdot D^*}{\lambda} \qquad\qquad \mathrm{Nu'}_{D^*ar} = \dfrac{\beta_{ar} \cdot D^*}{\mathcal{D}} \qquad (I,9)$

1.2 Die Temperatur- bzw. Konzentrationsdifferenz bei veränderlichem Oberflächenzustand

Die Definition des Wärmeübergangskoeffizienten α_e mit der Temperaturdifferenz $\vartheta_O - \vartheta_e$ ist nur dann richtig, wenn die Oberflächentemperatur ϑ_O längs des Austauschweges konstant bleibt. Ist die Oberflächentemperatur veränderlich, wie z.B. in Gleich- oder Gegenstromwärmetauschern, so muss eine effektive Oberflächentemperatur ϑ_O^* eingeführt werden, wenn α_e nach den nachstehenden Gleichungen oder Diagrammen bestimmt werden soll:

$$\dot{Q} = A\,\alpha_e\,(\vartheta_O^* - \vartheta_e) \qquad (I,10)$$

Auf der anderen Seite gilt bei Änderung der Oberflächentemperatur von ϑ_{Oe} im Eintritt auf ϑ_{Oa} im Austritt und konstantem Wärmeübergangskoeffizienten $\overline{\alpha}$ (näherungsweise und praktisch ausreichend genau auch bei veränderlichem $\overline{\alpha}$)

$$\dot{Q} = A\,\overline{\alpha}\,\frac{(\vartheta_{Oe} - \vartheta_e) - (\vartheta_{Oa} - \vartheta_a)}{\ln(\vartheta_{Oe} - \vartheta_e)/(\vartheta_{Oa} - \vartheta_a)} \qquad (I,11)$$

Anstelle ϑ_{Oe} und ϑ_{Oa} kann auch hier die effektive (konstante) Oberflächentemperatur ϑ_O^* eingeführt werden:

I. Definitionen

$$\dot{Q} = A \, \bar{\alpha} \, \frac{\vartheta_a - \vartheta_e}{\ln (\vartheta_0^* - \vartheta_e)/(\vartheta_0^* - \vartheta_a)} \tag{I,12}$$

Für die Umrechnung $\alpha_e \rightarrow \bar{\alpha}$ gelten mit ϑ_0^* anstelle ϑ_0 die gleichen Beziehungen (s.Abschn.1.3).

Aus den Gln. (I,11) und (I,12) kann die effektive Oberflächentemperatur bestimmt werden:

$$\frac{\vartheta_0^* - \vartheta_e}{\vartheta_0^* - \vartheta_a} = \left\{ \frac{\vartheta_{0e} - \vartheta_e}{\vartheta_{0a} - \vartheta_a} \right\}^{1 / \left[1 - \frac{\vartheta_{0a} - \vartheta_{0e}}{\vartheta_a - \vartheta_e} \right]} \tag{I,13}$$

Bleibt die Differenz $\vartheta_0 - \vartheta_e = \vartheta_{0a} - \vartheta_a = \vartheta_{0e} - \vartheta_e$ konstant, wie es bei Gegenströmern oft zutrifft, so wird $\vartheta_0^* - \vartheta_e = \vartheta_0 - \vartheta_e$.

Die Berechnung der Wärmestromdichte bei veränderlicher Oberflächentemperatur kann nun so vorgenommen werden, dass aus α_e (s.Kap.III) der logarithmisch bezogene Wärmeübergangskoeffizient $\bar{\alpha}$ nach Gl. (I,14b) und $\dot{Q}$ nach Gl. (I,11) bestimmt wird oder dass die effektive Oberflächentemperatur ϑ_0^* aus Gl. (I,13) und $\dot{Q}$ nach Gl. (I,10) berechnet wird. Bei der Berechnung von Wärmedurchgängen wird der erste Weg zweckmässiger sein. Eine Abschätzung und Kontrolle der Temperaturen am Austritt - sofern sie nicht vorgegeben sind - mit der Energiebilanz ist in jedem Fall notwendig.

1.3 Umrechnung der verschieden bezogenen Übergangskoeffizienten

Eine Umrechnung der auf das logarithmische oder das arithmetische Mittel bezogenen Übergangskoeffizienten auf die hier <u>ausschliesslich betrachteten Übergangskoeffizienten $Nu_D{*}_e$ und $Nu'_D{*}_e$</u> ist in einfacher Weise möglich. Es gilt:

$$Nu_D{*}_e = \frac{1}{4} Pe_D^* \frac{D^*}{L'} \left[1 - \exp\left(-\frac{4 \overline{Nu_D^*}}{Pe_D^* \, D^*/L'}\right) \right] \tag{I,14a}$$

bzw. $$\overline{Nu_D^*} = -\frac{1}{4} Pe_D^* \cdot \frac{D^*}{L'} \cdot \ln \left[1 - \frac{4 \, Nu_D{*}_e}{Pe_D^* \, D^*/L'} \right] \tag{I,14b}$$

und $$Nu_D{*}_e = Nu_D{*}_{ar} \frac{1}{1 + \frac{2 \, Nu_D{*}_{ar}}{Pe_D^* \, D^*/L'}} \tag{I,15a}$$

bzw. $$Nu_D{*}_{ar} = Nu_D{*}_e \frac{1}{1 - \frac{2 \, Nu_D{*}_e}{Pe_D^* \, D^*/L'}} \tag{I,15b}$$

Pe_D^* Pécletsche Kennzahl

D^* gleichwertiger Durchmesser

L' Anströmlänge

Das Verhältnis $\overline{Nu_D^*}/Nu_D{*}_e$ kann mit Hilfe des aufgedruckten Maßstabes aus den Arbeitsdiagrammen direkt abgelesen werden, so dass neben $Nu_D{*}_e$ auch unmittelbar $\overline{Nu_D^*}$ bestimmt werden kann.

2. Bewegungskenngrößen

<u>Reynoldszahl:</u> Die Reynolds'sche Kenngrösse Re soll hier stets auf die mittlere Geschwindigkeit w_m (s.u.) und die Anströmlänge L' (s.u.) bezogen werden:

$$Re_{L'} = \frac{w_m \cdot L'}{\nu} \qquad (I,16)$$

<u>Pécletzahl:</u> Mit der obigen Definition Gl. (I,16) und der Prandtlschen Kenngrösse $Pr = \nu/a$ bzw. der Schmidtschen Kenngrösse $Sc = \nu/\mathcal{D}$ folgt für den

Wärmeübergang $\qquad Pe_{D^*} = Re_{L'} \cdot Pr \cdot \frac{D^*}{L'} = \frac{w_m \cdot D^*}{a} \qquad (I,17)$

und den

Stoffübergang $\qquad Pe'_{D^*} = Re_{L'} \cdot Sc \cdot \frac{D^*}{L'} = \frac{w_m \cdot D^*}{\mathcal{D}} \qquad (I,18)$

3. Mittlere Strömungsgeschwindigkeit

Als mittlere wirksame Geschwindigkeit ist die auf das freie Volumen eines Kanals oder eines Haufwerks bezogene Geschwindigkeit einzusetzen:

$$w_m = \frac{V}{F_m} = \frac{F_o \cdot w_o}{F_m} = \frac{w_o}{\Psi} \qquad (I,19)$$

mit $\quad w_o \quad$ der Anströmgeschwindigkeit
(im leer gedachten Querschnitt F_o)

$\quad F_m \quad$ einem integralen Mittelwert des freien Strömungsquerschnittes

$\quad \Psi \quad$ dem Hohlraumanteil (Porosität)

Treten bei Rohrreihen oder bei Einzelkörpern in einem sehr engen Kanal Geschwindigkeitsverhältnisse $w_e/w_o > 7$ auf, so ist hilfsweise anstelle w_m nach Gl. (I,19)

$$w_m = w_e/2$$

zu setzen [55]. Dieser Festlegung entsprechend, ist dann auch der zugehörige Strömungsquerschnitt (s.a.Kap.I,6: Gleichwertiger Durchmesser) mit

$$F_m = F_o \cdot \frac{w_o}{w_e/2} = 2 F_e$$

zu bilden.

4. Hohlraumanteil (Porosität) Ψ

Der Hohlraumanteil Ψ ist definiert als das Verhältnis des freien Volumens V_{frei} zum Gesamtvolumen $V = V_{frei} + V_{fest}$ <u>einer</u> Austauscheinheit:

$$\Psi = \frac{V_{frei}}{V} = 1 - \frac{V_{fest}}{V} \qquad (I,20)$$

(Zur Definition einer Austauscheinheit s.Kap.III,4.)

Für durchströmte Kanäle und Einzelkörper im unendlich ausgedehnten Kanal wird $\Psi = 1$ und somit $F_m = F_o$ und $w_m = w_o$.

5. Anströmlänge L'

Von der Vorstellung ausgehend, dass für die Ausbildung der thermischen und der hydrodynamischen Grenzschicht um einen beliebigen Körper - ebenso wie bei der ebenen Platte - grundsätzlich der Überströmweg des Mediums maßgeblich sein muss, führte erstmals Krischer [39] die Anströmlänge als den mittleren Weg eines wandnahen Mediumsteilchens bei laminarer Strömung entlang der Oberfläche ein.

Sie wird definiert [49] als der Quotient aus der Oberfläche des Körpers A und dem am Austausch teilnehmenden Umfang der Projektionsfläche des Körpers U in Strömungsrichtung:

$$L' = A/U.$$

Für eine überströmte ebene Platte oder einen durchströmten Kanal ist sie gleich der geometrischen Länge L, während sie beispielsweise bei einem Zylinder nicht mehr mit der Ausdehnung des Körpers in Strömungsrichtung übereinstimmt.

Abb. 1 enthält Angaben für verschiedene Formen und Strömungsrichtungen, die die Abschätzung der Anströmlänge auch für kompliziertere Körper in einfacher Weise gestatten.

6. Gleichwertiger Durchmesser D*

Für durchströmte Körper ist neben der Anströmlänge L' eine charakteristische Abmessung zur Kennzeichnung des Strömungsquerschnittes erforderlich. Als solche resultiert der gleichwertige Durchmesser aus der Beziehung

$$D^* = \frac{4 F_m \cdot L'}{A} = \frac{4 F_o \cdot \Psi L'}{A} \tag{I,21}$$

die für gerade Kanäle ($\Psi = 1$ und $L' = L$) mit der üblichen Definition des hydraulischen Durchmessers

$$D_{hydr.} = \frac{4 V}{A} \tag{I,22}$$

übereinstimmt.

Für ein innendurchströmtes Rohr mit dem Durchmesser D wird $\Psi = 1$, $L' = L$, $F_m = F_o \cdot \Psi = \frac{\pi}{4} D^2$ und $A = \pi D \cdot L$, so dass hier $D^* = D$ folgt.

Bei sehr starken Verengungen $F_o/F_e > 7$ bei Rohrreihen oder Einzelkörpern in einem Kanal ist entsprechend der Geschwindigkeitsdefinition (s.Kap.I,3) $F_m = 2 F_e$ zu setzen; anstelle Gl. (I,21) tritt dann $D^* = \frac{8 F_e L'}{A}$.

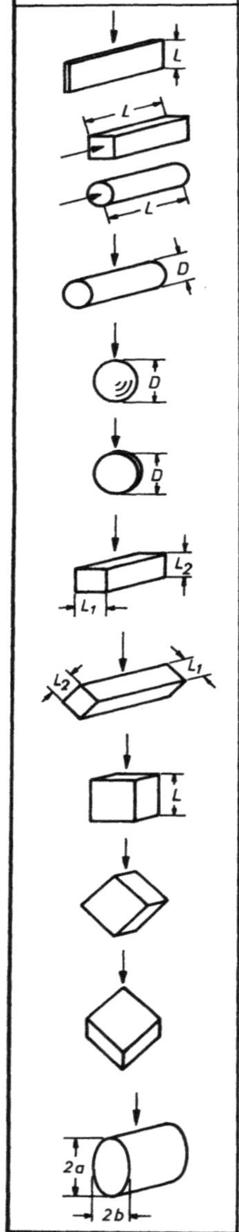

5. Anströmlänge L'

Skizze	Beschreibung	Anströmlänge	Skizze	Beschreibung	Anströmlänge
	Ebene Platte längs angeströmt	$L' = L$		**Ellipsenförmige Scheibe**	
	Durchströmter Kanal Strömung in Achsrichtung	$L' = L$		a) Strömung ⊥ zur kleinen Halbachse	$L' = \frac{\pi}{2} a$
	Kreiszylinder quer angeströmt	$L' = \frac{\pi}{2} D$		b) Strömung ⊥ zur großen Halbachse	$L' = \frac{\pi}{2} b$
	Kugel	$L' = \frac{\pi}{4} D$		**Rotationsellipsoid**	
	Kreisscheibe in Richtung eines Durchmessers angeströmt	$L' = D$		a) Strömung ⊥ zur kleinen Halbachse	$L' = \frac{(a+b)^2}{2b}$
	Rechteckförmiges Prisma quer angeströmt			b) Strömung ⊥ zur großen Halbachse	$L' \approx \frac{(a+b)^2}{2a}$
	a) Strömung ⊥ auf eine Fläche	$L' = L_1 + L_2$		**Dreieckförmiges Prisma** quer angeströmt	
	b) Strömung ⊥ auf eine Kante	$L' = L_1 + L_2$		a) Strömung ⊥ auf eine Kante	$L' = \frac{3}{2} L$
	Würfel			b) Strömung ⊥ auf eine Fläche	$L' = \frac{3}{2} L$
	a) Strömung ⊥ auf eine Fläche	$L' = 1.50\, L$		**Winkelförmiges Prisma** quer angeströmt	
	b) Strömung ⊥ auf eine Kante	$L' = 1.24\, L$		a) Strömung ⊥ auf Winkelkante 1) α > 60° 2) α < 60°	$L' = 2L$ $L' = L$
	c) Strömung ⊥ auf ein Eck	$L' = 1.16\, L$		b) Strömung ⊥ in den Winkel 1) α > 60° 2) α < 60°	$L' = 2L$ $L' = L$
	in einer ungeordneten Schüttung $L' \approx 1.3\, L$			**Kreuzförmiges Prisma** quer angeströmt Strömung ⊥ auf Kante	$L' = 4L$
	Ellipsenförmiger Zylinder quer angeströmt	$L' \approx \frac{\pi}{2}[1.5(a+b) - \sqrt{ab}]$ $\approx \frac{\pi}{2}(a+b)$		**Berippte Rohre** quer angeströmt	
				a) kreisförmige Rippe	$L' = \frac{\pi}{2} \sqrt{D^2 + h^2}$
				b) rechteckförmige Rippe	$L' = \frac{\pi}{2}\sqrt{D^2 + h^2}$ mit $h = 0.565\, L_1 \sqrt{L_1/L_2} - \frac{D}{2}$

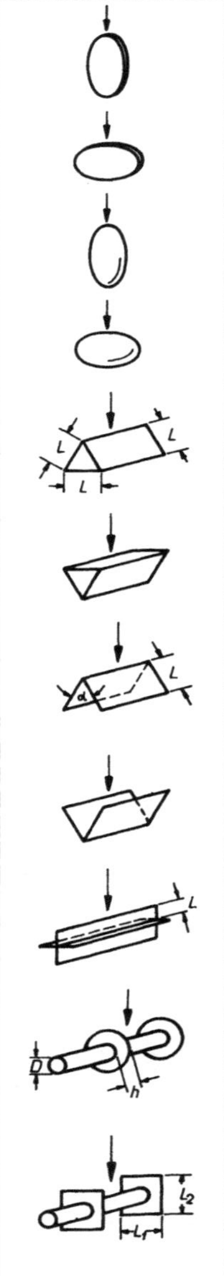

Abb. 1

7. Austauschparameter Θ

Unter dem Austauschparameter θ soll das Verhältnis der erreichten Temperaturänderung des Mediums zur Temperaturdifferenz im Eintritt verstanden werden:

$$\theta = \frac{\vartheta_a - \vartheta_e}{\vartheta_O - \vartheta_e} \qquad (I,23)$$

Beim Stoffaustausch werden die Temperaturen ϑ durch die entsprechenden Konzentrationen c ersetzt.

Bei veränderlicher Oberflächentemperatur tritt ϑ_O^* nach Abschn.1.2 anstelle von ϑ_O.

Der Austauschparameter θ kann wie das Verhältnis $\overline{Nu_D}^*/Nu_{D\,e}^*$ mit Hilfe des aufgedruckten Maßstabes unmittelbar den Arbeitsdiagrammen entnommen und zur Berechnung der Austrittstemperatur ϑ_a verwendet werden.

8. Bezugstemperatur für die Stoffwerte

Die Arbeitsdiagramme sind für isotherme Strömung entwickelt. Unabhängigkeit von der Richtung des Wärmestromes mit hier ausreichender Genauigkeit besteht, wenn die Bezugstemperatur für die Stoffwerte wie folgt definiert wird [31]:

$$\vartheta_m = \vartheta_M - (\vartheta_M - \vartheta_O)\frac{0,1 \cdot Pr + 40}{Pr + 72} \;;\; \vartheta_M = \frac{1}{2}(\vartheta_e - \vartheta_a) \qquad (I,24)$$

Der Wert von Pr ist bei ϑ_M zu bestimmen.

Bei dieser Bezugstemperatur entfallen Korrekturen auf Grund unterschiedlicher Zähigkeit im Medium und an der Wand.

II Analogie der Beziehungen für den Wärme- und Stoffaustausch

1. Äquimolarer Transport

Die Berechnung von Stoffübergangskoeffizienten aus bekannten Gesetzmässigkeiten für die Wärmeübergangskoeffizienten beruht auf dem formal gleichen Aufbau der Differentialgleichungen für die Wärme- und Mengenstromdichte bei äquimolarem Transport ($\dot{n}_A = -\dot{n}_B$):

$$\dot{q} = -\lambda \frac{d\vartheta}{dx} \tag{II,1}$$

$$\dot{n}_A = -\mathcal{D}_{AB} \frac{dc_A}{dx} = -\mathcal{D}_{AB}\, c\, \frac{dy_A}{dx} \tag{II,2}$$

mit der molaren Dichte $c = \rho/\mu$ des Gemisches, bei idealen Gasen $c = P/\mathcal{R}T$, mit dem Molenbruch $y_A = c_A/c$, bei idealen Gasen $y_A = p_A/P$, und $\mathcal{D}_{AB}$ dem binären Diffusionskoeffizienten der Komponente A im Gemisch mit den Komponenten B.

Die Bildung des treibenden Potentials mit dem Gefälle des Molenbruches y_A wird hier nur wegen der einfachen Schreibweise der Gleichungen des Kapitels II vorgenommen. Sie ist den anderen Ansätzen für das treibende Potential gleichwertig, sofern nicht überhaupt bei realem Verhalten der transportierten Komponente im Gemisch vom chemischen Potential auszugehen ist [7].

Beim gleichen hydrodynamischen Problem und einander entsprechenden Randbedingungen für das Temperatur- und Konzentrationsfeld ergeben sich die analogen Lösungen

$$Nu = f\left(Re,\, Gr,\, Pr,\, \frac{L_1}{L_0} \ldots\right)\,; \quad \dot{q} = \alpha\,(\vartheta_0 - \vartheta_M) \tag{II,3}$$

$$Nu' \equiv Sh = f\left(Re,\, Gr',\, Sc,\, \frac{L_1}{L_0} \ldots\right)\,; \quad \dot{n}_A = \beta\,(c_{AO} - c_{AM}) \tag{II,4}$$

$$\text{bzw. } \dot{n}_A = \beta\, c\,(y_{AO} - y_{AM})$$

Für das Verhältnis der Übergangskoeffizienten folgt hieraus:

$$\frac{\alpha}{\beta} = \frac{\lambda}{\mathcal{D}} \cdot \left(\frac{Pr}{Sc}\right)^n = \overline{c_p \rho} \cdot \left(\frac{a}{\mathcal{D}}\right)^{1-n} \tag{II,5}$$

mit $\overline{c_p \rho}$ den über die Grenzschicht gemittelten Werten der spez. Wärme und der Dichte.

12 II. Analogie der Beziehungen für den Wärme- und Stoffaustausch

Die Potenz n beträgt
  n = 0   in ruhenden Medien
  n = 0,333   bei laminaren Grenzschichten
  n = 0,44   bei turbulenten Grenzschichten[1]) sowohl für erzwungene als auch
freie Konvektion an umströmten Körpern und in durchströmten Rohren.

2. Nicht-äquimolarer Transport

Im allgemeinen Fall der Diffusion, wenn die Mengenstromdichten der sich gegeneinander bewegenden Komponenten nicht gleich sind, gilt für die Mengenstromdichte einer Komponente [7]:

$$\dot{n}_A = - \mathcal{D}_{AB} \cdot c \cdot \frac{dy_A}{dx} + y_A (\dot{n}_A + \dot{n}_B) \tag{II,6}$$

An der vorstehend angeführten Analogie sind daher Korrekturen anzubringen. Der nicht-äquimolare Transport wirkt sich darüberhinaus auf den Energietransport in der Grenzschicht und auf die Ausbildung der Grenzschicht aus. Nur bei kleinen Mengenströmen $\dot{n} \to 0$ sind die verschiedenen Einflüsse zu vernachlässigen.

Setzt man das Verhältnis der Diffusionsströme [9] und der Energieströme

$$\frac{\dot{n}_B}{\dot{n}_A} = \phi_N \quad , \quad \frac{\dot{n}_B \, c_{pB}}{\dot{n}_A \, c_{pA}} = \phi_E \tag{II,7}$$

so dass bei äquimolarer Diffusion $\phi_N = -1$, $\phi_E = -\frac{c_{pB}}{c_{pA}}$
  bei einseitiger Diffusion $\phi_N = 0$, $\phi_E = 0$

wird und sich auch der Stoffaustausch bei heterogenen chemischen Reaktionen mit Diffusionshemmung erfassen lässt ($-1 < \phi_N < +1$), so wird ein Stoffaustauschkoeffizient β^* durch den allgemeinen und für die zu berücksichtigenden Korrekturen zweckmässigen Ansatz[2] definiert:

$$\dot{n}_A = \beta^* \, c \, \frac{y_{AO} - y_{AM}}{1 - y_{AO}(1+\phi_N)} \tag{II,8}$$

Unter Annahme einer <u>laminaren Grenzschicht konstanter Dicke</u> (Filmtheorie) berechnet man - nach den Ableitungen von Stefan [60] im ruhenden Medium - das Verhältnis

$$\frac{\beta^*}{\beta} = \frac{\ln[1+B]}{B} \tag{II,9}$$

$$\text{mit } B = \frac{(y_{AO} - y_{AM})(1+\phi_N)}{1 - y_{AO} \cdot (1+\phi_N)} \tag{II,10}$$

---

[1] Bei turbulenten Grenzschichten gilt die Potenz n = 0,44 nur näherungsweise [21], da die Funktionen von Pr und Sc in den Übergangsgesetzen nicht durch einfache Potenzgesetze wiedergegeben werden können.

[2] Dieser Ansatz ist in der angelsächsischen Literatur üblich geworden; er ergibt sich aus dem logarithmischen Ansatz nach der Filmtheorie Gl. (II,9), wenn man diesen für verschwindende Konzentrationsdifferenz in eine Reihe entwickelt.

2. Nicht-äquimolarer Transport

Nach der <u>Grenzschichttheorie</u> [7, 24, 62] tritt als weiterer Parameter die Sc-Zahl auf, so dass

$$\frac{\beta^*}{\beta} = f(B, Sc)$$

wird. In Abb. 2 ist für die praktische Anwendung dieser Zusammenhang für die Grenzfälle Pr, Sc = 0,6 und = ∞ wiedergegeben. Die nach der Penetrationstheorie [10, 28, 57] oder von Eckert u. Lieblein [16] berechneten Kurven liegen zwischen den angegebenen.

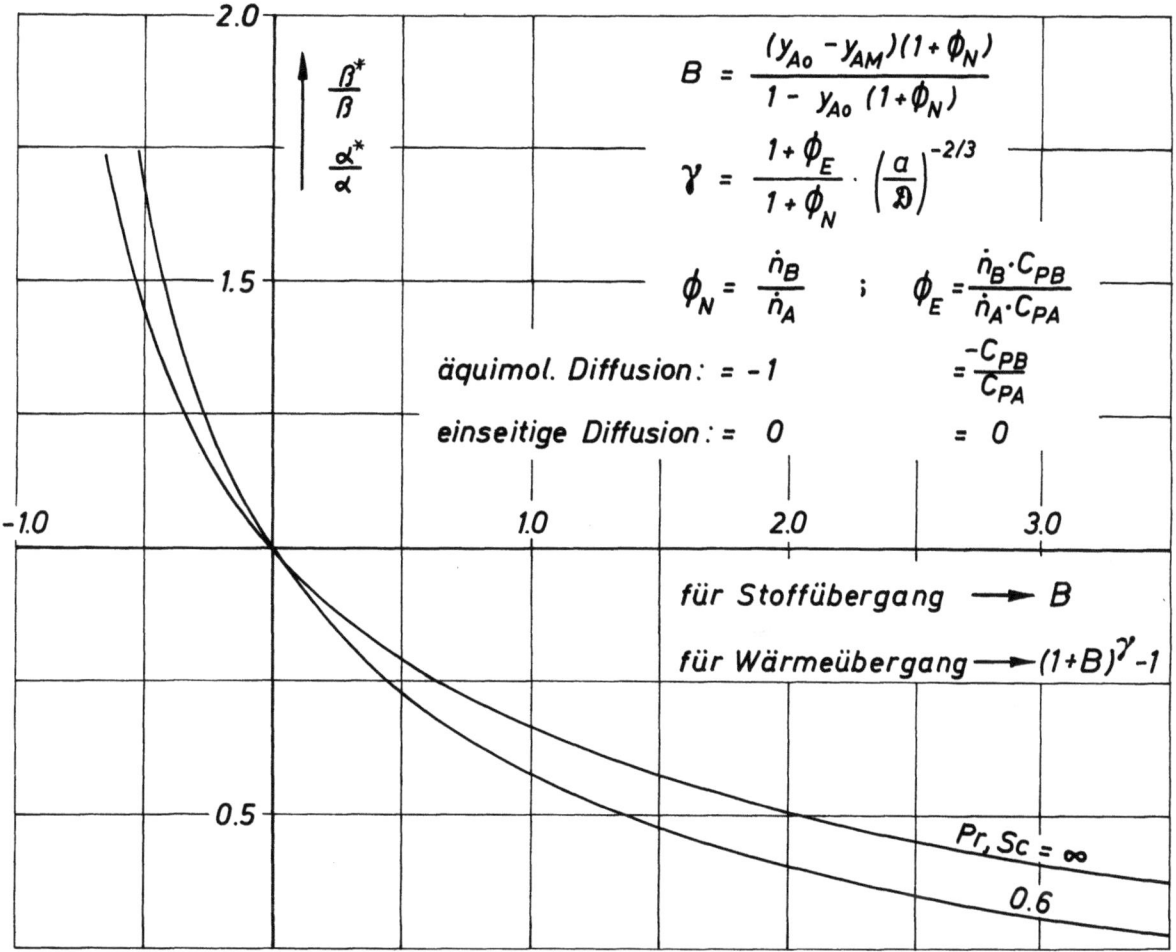

Abb. 2 Beeinflussung der Stoff- und Wärmeübergangskoeffizienten bei laminarer Grenzschicht

Für die Verdunstung stellt der arithmetische Mittelwert anstelle des logarithmischen in Gl. (II,9) eine gute Näherung dar [37]:

$$\frac{\beta^*}{\beta} = \frac{1}{1 + B/2} \qquad (II,11)$$

Diese Näherung ist bei Verdunstung praktisch identisch mit den Werten für Pr, Sc = ∞ der Grenzschichttheorie.

II. Analogie der Beziehungen für den Wärme- und Stoffaustausch

Wegen des <u>Energietransportes</u> durch den Mengenstrom in der Grenzschicht ist mit einem veränderten Wärmeübergangskoeffizienten zu rechnen, wenn die Definition

$$q = \alpha^* (\vartheta_O - \vartheta_M) \qquad (II,12)$$

beibehalten werden soll. Nach der Filmtheorie [34] gilt:

$$\frac{\alpha^*}{\alpha} = \frac{\dot{n}_A (1+\phi_E) c_{pA}/\alpha}{\exp[\dot{n}_A (1+\phi_E) c_{pA}/\alpha] - 1} \qquad (II,13)$$

Dieser Zusammenhang kann wegen der Gln. (II,5) und (II,8) näherungsweise ebenfalls in der Form

$$\frac{\alpha^*}{\alpha} = f(\gamma, B, Pr) \text{ mit } \gamma = \frac{1+\phi_E}{1+\phi_N} \cdot \left(\frac{a}{\mathcal{D}}\right)^{-(1-n)} \qquad (II,14)$$

dargestellt und Abb. 2 entnommen werden. Bei Absorption und Kondensation wird danach $\beta^*/\beta > 1$ und auch unabhängig von der Richtung des Wärmestroms $\alpha^*/\alpha > 1$, bei Desorption und Verdunstung wird entsprechend $\beta^*/\beta < 1$ und $\alpha^*/\alpha < 1$.

Vorstehende Überlegungen gelten für <u>gleiche Stoffwerte</u> der diffundierenden Komponenten und des aufnehmenden oder abgebenden Gases. Ist dies nicht der Fall, wird vorgeschlagen [13], anstelle von B eine korrigierte Grösse $B/\sqrt{K}$ zu setzen mit

$$K = \frac{(\rho n)_M}{\overline{\rho n}} \qquad (II,15)$$

Die <u>Bezugstemperatur</u> für die Stoffwerte in der Grenzschicht ($\overline{c_p \rho}$, $\overline{\rho n}$, λ, a, $\mathcal{D}$, c, C_p) ist wie in Kap. I,8

$$\vartheta_m = \vartheta_M - (\vartheta_M - \vartheta_O) \cdot \frac{40 + 0,1 \cdot Pr}{72 + Pr} \qquad (II,16)$$

Zur Ermittlung einer mittleren Konzentration in der Grenzschicht bei konzentrationsabhängigen Stoffwerten werden die Temperaturen ϑ in Gl. (II,16) näherungsweise durch die Konzentrationen c und Pr durch Sc ersetzt werden dürfen.

Bei <u>turbulenten Grenzschichten</u> ist eine analytische Behandlung zur Bestimmung von β^*/β und α^*/α noch nicht möglich. Experimentelle Untersuchungen [25] zeigen, dass bei kleinen Mengenströmen von $\dot{n}_A$ keine wesentlichen Unterschiede zur laminaren Grenzschicht auftreten, bei grösseren Mengenströmen jedoch die Beeinflussung der Übergangskoeffizienten geringer (~70 %) ist. Es sollten hier die Beziehungen der Filmtheorie Gl. (II,9) und Gl. (II,13) gelten.

III Grundlagen der einheitlichen Darstellung

1. Vollkommener thermischer Ausgleich, Austauschparameter und Umrechnungsfaktor

Unabhängig davon, ob die Wärmeübertragung in einem Kanal, einem Haufwerk oder an Einzelkörpern im begrenten Medium stattfindet, kann eine obere Grenze der dimensionslosen Übergangskoeffizienten angegeben werden. Sie wird immer dann erreicht, wenn zwischen der austauschenden Oberfläche und dem strömenden Medium am Austritt einer Übertragungseinheit keine Potentialdifferenz mehr besteht.

Aus der Energiebilanz

$$Q = A\, \alpha_e\, (\vartheta_0 - \vartheta_e) = w_0 \cdot F_0 \cdot c_p \cdot \rho\, (\vartheta_a - \vartheta_e) \tag{III,1}$$

folgt mit $\vartheta_a = \vartheta_0$ und den Definitionen nach Kap. I die Geradengleichung

$$(Nu_D^*{}_e)_{\vartheta_a = \vartheta_0} = 0{,}25\, Pe_D^* \frac{D^*}{L'} \tag{III,2}$$

Diese Gerade für den vollkommenen thermischen Ausgleich stellt in allen Fällen die obere Begrenzung der Arbeitsdiagramme dar.

Aus Gl. (III,1) lässt sich ganz allgemein folgende Beziehung für den Austauschparameter ableiten

$$\theta = \frac{\vartheta_a - \vartheta_e}{\vartheta_0 - \vartheta_e} = \frac{Nu_D^*{}_e}{0{,}25\, Pe_D^*\, D^*/L'} \tag{III,3}$$

$Nu_D^*{}_e$ ist ein für ein bestimmtes Problem gültiger dimensionsloser Wärmeübergangskoeffizient, während $0{,}25\, Pe_D^*\, D^*/L'$ gemäss Gl. (III,2) dem oberen Grenzwert bei der jeweiligen Strömungsgeschwindigkeit entspricht.

Für den vollkommenen thermischen Ausgleich gilt $\theta = 1$. In allen anderen Fällen kann der Quotient aus dem wirklichen und dem maximal möglichen Übergangskoeffizienten in der logarithmischen Darstellungsweise als Strecke zwischen diesen beiden Werten abgegriffen werden (vgl. Abb. 3). Diese Strecke entspricht nach Gl. (III,3) $-\ln \theta = \ln (0{,}25\, Pe_D^*\, D^*/L') - \ln (Nu_D^*{}_e)$. Die Zuordnung zwischen der abgegriffenen Strecke und dem gesuchten θ-Wert erfolgt mit Hilfe des auf den Arbeitsdiagrammen eingezeichneten Maßstabs, dessen linke Skala jeweils der logarithmischen Teilung der Diagramme entspricht.

16 III. Grundlagen der einheitlichen Darstellung

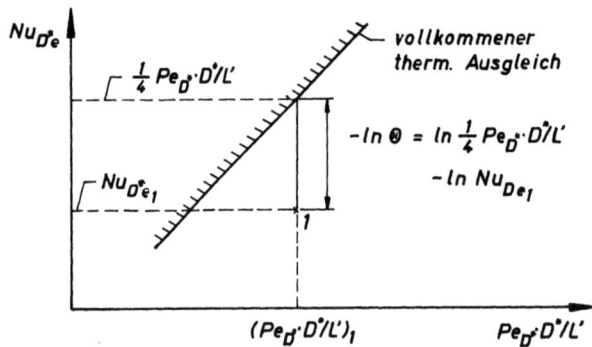

Abb. 3 Zur Verwendung des Maßstabs

Die rechte Skala des Maßstabs gibt für diese Entfernung gleichzeitig das Verhältnis zwischen dem auf die Eintrittstemperatur und dem auf das logarithmische Mittel bezogenen Wärmeübergangskoeffizienten wieder. Eine solche einfache Zuordnung ist möglich, da der Austauschparameter und damit die Austrittstemperatur nur durch die Lage des wirklichen Wärmeübergangskoeffizienten in Relation zu der Linie für den vollkommenen thermischen Ausgleich gegeben ist.

Aus den Gln. (I,14a) und (I,14b) folgt nach einigen Umformungen die Beziehung

$$\frac{\overline{Nu_D^*}}{Nu_{D_e}^*} = \frac{-\ln(1-\theta)}{\theta} \tag{III,4}$$

die wie Gl. (III,3) als unabhängige Variable allein den Quotienten
$\theta = Nu_{D_e}^*/0{,}25\, Pe_D^*\, D^*/L'$ enthält.

2. Durchströmte Kanäle

2.1 Laminar durchströmte Kanäle

2.1.1 <u>Thermischer Anlauf bei hydrodynamisch ausgebildeter laminarer Strömung</u>

a) Rohr: Der als "Nusselt-Graetz-Problem" bekannte Fall stellt die untere Grenze der Arbeitsdiagramme dar.

Die Lösung der Differentialgleichung für das Temperaturfeld führt zu folgendem Ergebnis:

$$Nu_{D_e}^* = 0{,}25\, Pe_D^*\, D^*/L' \left\{ 1 - \sum_{n=1}^{\infty} K_n \exp\left[-\frac{2\beta_n^2}{Pe_D^*\, D^*/L'} \right] \right\} \tag{III,5}$$

mit β_n dem n-ten Eigenwert und der damit verbundenen Konstanten K_n (vgl.z.B.[21]). Die β_n- und die K_n-Werte sind auf Grund neuerer Berechnungen [12, 58] hinreichend bekannt, so dass die Funktion $Nu_D^* = f(Pe_D^*\, D^*/L')$ ermittelt werden kann. Tabelle 1 gibt die den Arbeitsblättern zugrunde gelegten Werte wieder [55].

2. Durchströmte Kanäle

Tabelle 1

Nusselt-Graetz-Problem für das Rohr

$Pe_D^* \; D^*/L'$	θ	$Nu_D{^*}_e$
0,10000 E 01	0,10000 E 01	0,25000 E 00
0,40000 E 01	0,97886 E 00	0,97886 E 00
0,10000 E 02	0,81029 E 00	0,20257 E 01
0,40000 E 02	0,42121 E 00	0,42121 E 01
0,10000 E 03	0,24889 E 00	0,62224 E 01
0,40000 E 03	0,10657 E 00	0,10657 E 02
0,10000 E 04	0,59682 E-01	0,14920 E 02
0,40000 E 04	0,24420 E-01	0,24420 E 02
0,10000 E 05	0,13435 E-01	0,33588 E 02
0,40000 E 05	0,54065 E-02	0,54065 E 02
0,10000 E 06	0,29577 E-02	0,73942 E 02

Nusselt-Graetz-Problem für den ebenen Spalt

$Pe_D^* \; D^*/L'$	θ	$Nu_D{^*}_e$
0,10000 E 01	0,10000 E 01	0,25000 E 00
0,40000 E 01	0,99952 E 00	0,99952 E 00
0,10000 E 02	0,95541 E 00	0,23885 E 01
0,40000 E 02	0,57172 E 00	0,57172 E 01
0,10000 E 03	0,32497 E 00	0,81242 E 01
0,40000 E 03	0,13191 E 00	0,13191 E 02
0,10000 E 04	0,72264 E-01	0,18066 E 02
0,40000 E 04	0,28935 E-01	0,28935 E 02
0,10000 E 05	0,15769 E-01	0,39422 E 02
0,40000 E 05	0,62826 E-02	0,62826 E 02
0,10000 E 06	0,34170 E-02	0,85424 E 02

Für $Pe_D^* \; D^*/L' > 10^4$ nähert sich die Kurve für den thermischen Anlauf bei hydrodynamisch ausgebildeter Strömung asymptotisch der erstmals von Lévêque [44] berechneten Geraden

$$\overline{Nu}_D^* = Nu_D{^*}_e = 1,62 \cdot \sqrt[3]{Pe_D^* \; D^*/L'} \qquad (III,6)$$

III. Grundlagen der einheitlichen Darstellung

Als Näherungslösung für das Nusselt-Graetz-Problem wird häufig die von Hausen [26] aufgestellte Gleichung

$$\overline{Nu}_D{}^* = 3,65 + \frac{0,19 \, (Pe_D{}^* \, D^*/L')^{0,8}}{1 + 0,117 \, (Pe_D{}^* \, D^*/L')^{0,467}} \qquad (III,7)$$

verwendet.

b) Ebener Spalt: Die Behandlung des ebenen Spaltes erfolgt in analoger Weise zu der des Rohres. Die berechneten Werte sind ebenfalls in Tabelle 1 angeführt.

Als Asymptote für $Pe_D{}^* \, D^*/L' > 10^4$ gilt hier

$$Nu_D{}^*{}_e = 1,85 \cdot \sqrt[3]{Pe_D{}^* \, D^*/L'} \qquad (III,8)$$

2.1.2 Thermischer und hydrodynamischer Anlauf bei laminarer Strömung

Für den Fall, dass sich das Strömungsprofil erst im beheizten oder gekühlten Kanal ausbildet, kann der Funktionsverlauf $Nu_D{}^*{}_e = f \, (Pe_D{}^* \, D^*/L')$ für sehr kleine und sehr grosse $Pe_D{}^* \, D^*/L'$-Werte unmittelbar angegeben werden.

Für kleine $Pe_D{}^* \, D^*/L'$-Werte (z.B. lange Kanäle) nähert sich die gesuchte Lösung asymptotisch derjenigen für den thermischen Anlauf bei hydrodynamisch ausgebildeter Strömung, und zwar bei umso grösserem $Pe_D{}^* \, D^*/L'$ je grösser die Pr-Zahl ist. Im Grenzfall $Pr \to \infty$ stimmt sie über den gesamten Bereich mit der Lösung des Nusselt-Graetz-Problems für das Rohr bzw. für den ebenen Spalt überein, da hier am Kanaleintritt die Ausbildung des Geschwindigkeitsfeldes im Vergleich zu der des Temperaturfeldes sprunghaft erfolgt (Abb. 4).

Als Asymptote für grosse $Pe_D{}^* \, D^*/L'$-Werte, d.h. für die Fälle, bei denen sich bis zum Austritt hin nur eine relativ dünne Grenzschicht aufbaut, gilt die Lösung für die laminar überströmte Platte

$$Nu_D{}^* = 0,664 \cdot Pr^{-1/6} \cdot Pe_D{}^* \, D^*/L' \qquad (III,9)$$

Die auf Pohlhausen [43, 52] zurückgehende und unter der Annahme einer kubischen Geschwindigkeitsverteilung berechnete Beziehung kann nach Stephan [68] sowohl für das Rohr als auch für den ebenen Spalt bei $Pe_D{}^* \, D^*/L' > 1,82 \cdot 10^5 \cdot Pr^{1,12}$ benutzt werden.

Zur Beschreibung des Wärmeübergangs bei mittleren $Pe_D{}^* \, D^*/L'$-Werten liegen Berechnungsergebnisse [2, 68] vor, die den Kurven für thermischen und hydrodynamischen Anlauf bei verschiedenen Pr-Zahlen zugrunde gelegt wurden [55].

Mit Abb. 5 ist ein Diagramm zur Entwicklung dieser Kurven für das Kreisrohr gegeben. Damit liegt der gesamte Verlauf des Wärmeübergangs bei thermischem und hydrodynamischem Anlauf und laminarer Strömung in der einheitlichen Darstellungsweise fest (Abb. 4).

Diese Kurven stellen bei fast allen technischen Vorgängen die untere Grenze des konvektiven Austausches dar, da technischen Apparaten in den seltensten Fällen Beruhigungsstrecken zur Ausbildung des hydrodynamischen Profils vorgeschaltet sind.

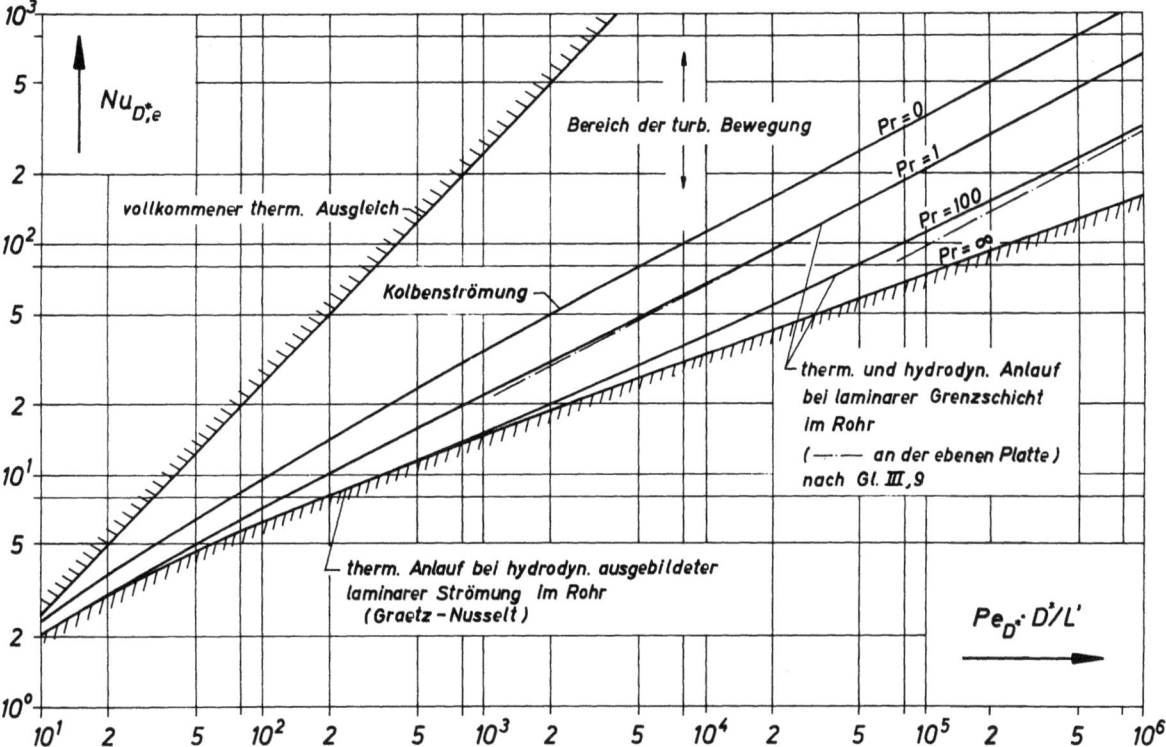

Abb. 4 Aufbau der einheitlichen Darstellung

2.2 Turbulent durchströmte Kanäle

Durch die Einführung des gleichwertigen Durchmessers, der für Kanäle dem hydraulischen Durchmesser entspricht, können die Gesetzmässigkeiten turbulent durchströmter Kanäle beliebiger Form weitgehend denen durchströmter Kreisrohre zugeordnet werden. Eine Unterscheidung zwischen Rohr und Spalt, wie im laminaren Bereich, ist demzufolge nicht erforderlich (vgl. [21]).

Bei der gewählten Darstellungsweise tritt jedoch im turbulenten Bereich als zusätzlicher Parameter das Verhältnis D^*/L' auf. Es gilt daher, im folgenden eine Kurvenschar zwischen der Linie für den thermischen und hydrodynamischen Anlauf bei laminarer Strömung und der Geraden für den vollkommen thermischen Ausgleich zu entwerfen (s. Abb. 4).

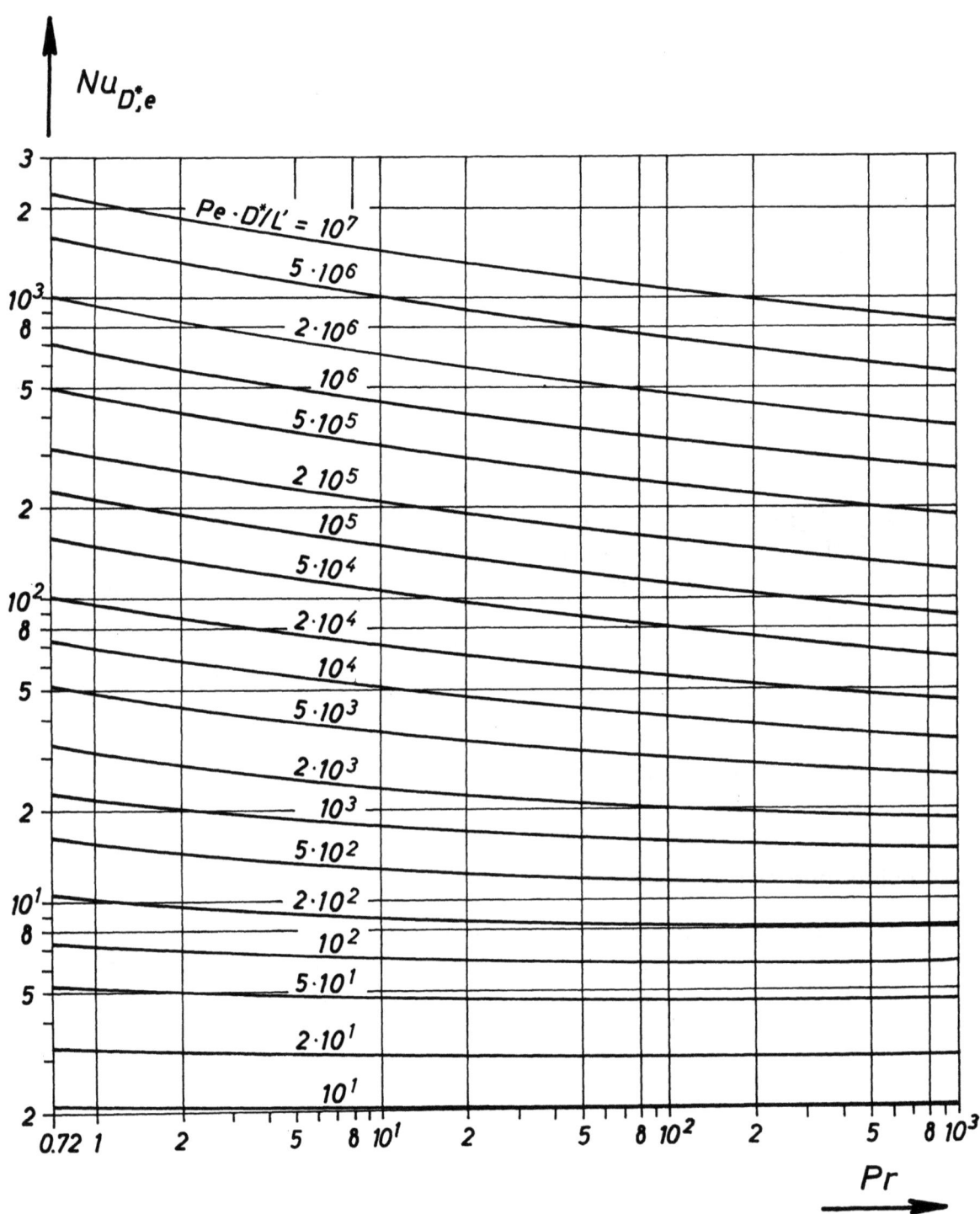

Abb. 5 Wärmeübergang bei thermischem und hydrodynamischem Anlauf im Rohr

2. Durchströmte Kanäle

Bezüglich des den Wärmeübergang maßgeblich bestimmenden Strömungsverhaltens kann man für turbulent durchströmte Rohre ($D^* = D$) gemäss Abb. 6 vereinfachend drei Bereiche unterscheiden:

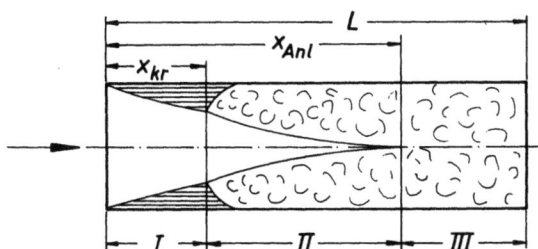

Abb. 6 Zur Entwicklung der turbulenten Rohrströmung

Bereich I: Laminare Grenzschichtströmung

Vom Eintrittsquerschnitt an bildet sich zunächst eine laminare Grenzschicht aus, die nach Erreichen einer kritischen Lauflänge X_{kr} - entsprechend der kritischen Reynoldszahl $Re_{X\ kr} = w\ X_{kr}/\nu$ (w = Achsgeschwindigkeit) - in eine turbulente Grenzschicht umschlägt [14, 17, 19, 20, 23, 30, 45, 47, 59, 63].

In diesem Bereich gelten die Beziehungen für den thermischen und hydrodynamischen Anlauf (Kap.III,2.1.2).

Bereich II: Turbulente Grenzschichtströmung

Für die Berechnung der turbulenten Grenzschicht von X_{kr} bis zur Beendigung des Anlaufs, d.h. bis zur Stelle $X_{Anl.}$, an der die Grenzschichten die Rohrachse erreichen, kann vereinfachend angenommen werden, dass die Ausbildung so erfolge, als ob die Grenzschicht vom Rohranfang an turbulent sei. Unter Zugrundelegung eines bestimmten Geschwindigkeitsprofils lässt sich so die Anlauflänge $X_{Anl.}$ ermitteln.

Im Gültigkeitsbereich des Blasius-Gesetzes ($Re_D < 10^5$) liefert das 1/7-Potenzgesetz

$$(\frac{X}{D})_{Anl.} = 1{,}45\ Re_D^{0,25} \qquad \qquad (III,10)$$

mit $Re_D = w_m\ D/\nu$

während für höhere Re-Zahlen unter Verwendung des logarithmischen Geschwindigkeitsverteilungsgesetzes nach Prandtl (vgl. [56])

$$(\frac{X}{D})_{Anl.} = 5{,}15 \cdot Re_D^{0,12} \qquad \qquad (III,11)$$

resultiert.

Unter der für den betrachteten Pr-Bereich berechtigten Annahme, dass das Temperaturprofil jeweils über die gesamte Dicke der Grenzschicht ausgebildet ist, lässt sich der mittlere Wärmeübergangskoeffizient für diesen Bereich

$$(Nu_{De})_{II} = \frac{1}{(\frac{X}{D})_{Anl.} - (\frac{X}{D})_{kr}} \left\{ Nu_L \big|_{L=X_{Anl.}} - Nu_L \big|_{L=X_{kr}} \right\} \qquad (III,12)$$

vereinfachend mit Hilfe der für die ebene Platte angegebenen Beziehung

$$Nu_L = V' \; Nu_X \big|_{X=L}$$
$$= V' \frac{0{,}0143 \; Re_L^{0{,}85} \cdot Pr}{1 + 1{,}10 \; (Pr-1) \; Pr^{-0{,}25} \; Re_L^{-0{,}075}} \qquad (III,13)$$

berechnen (s.a.Kap.III,3.1).

Es bedeuten:

$Nu_X \big|_{X=L}$ örtlicher Wärmeübergangskoeffizient an der Stelle $X = L$

Nu_L mittlerer Wärmeübergangskoeffizient am Eintritt bis zur Stelle $X = L$, wobei für L gemäss Gl. (III,12) $X_{Anl.}$ und X_{kr} zu setzen ist

V' Integrationsfaktor (Zahlenwerte Tabelle 2, s.S.26)

Bereich III: Ausgebildete turbulente Strömung

Sind die Grenzschichten zusammengewachsen, ändert sich der örtliche, auf den Durchmesser bezogene Wärmeübergangskoeffizient $Nu_{D,X}$ nicht mehr. Er stimmt im Bereich von $X_{Anl.}$ bis L mit der auf das logarithmische Temperaturmittel bezogenen Übergangszahl $\overline{Nu}_D$ überein.

Von der Prandtlschen Analogiebetrachtung des Wärme- und Impulsaustausches ausgehend, folgt im Bereich des Blasius-Gesetzes ($Re_D < 2 \cdot 10^5$)

$$\overline{Nu}_D = \frac{0{,}0324}{\phi_\vartheta} \frac{Pr \cdot Re_D^{0{,}75}}{1 + 1{,}5 \; (Pr-1) \; Pr^{-0{,}25} \cdot Re_D^{-0{,}125}} \qquad (III,14)$$

während für höhere Re_D-Zahlen mit dem logarithmischen Gesetz der Geschwindigkeitsverteilung

$$\overline{Nu}_D = \frac{0{,}0155}{\phi_\vartheta} \frac{Pr \cdot Re_D^{0{,}815}}{1 + 1{,}05 \; (Pr-1) \; Pr^{-0{,}25} \cdot Re_D^{-0{,}092}} \qquad (III,15)$$

resultiert. Das Temperaturverhältnis ϕ_ϑ ist in erster Linie von der Pr-Zahl abhängig und nimmt Werte zwischen 0,8 (Pr = 0,72) und ≈ 1 (Pr = 500) an [53].

Der Unterteilung entsprechend folgt für den <u>mittleren Wärmeübergangskoeffizienten des gesamten Rohres</u>

$$\alpha_e \cdot A \cdot (\vartheta_0 - \vartheta_e) = A_I \cdot \alpha_{eI} \; (\vartheta_0 - \vartheta_e)$$
$$+ A_{II} \cdot \alpha_{eII} \; (\vartheta_0 - \vartheta_e)$$
$$+ A_{III} \cdot \overline{\alpha}_{III} \cdot \overline{\Delta\vartheta}_{III} \qquad (III,16)$$

2. Durchströmte Kanäle

oder

$$Nu_{De} = \frac{(\frac{X}{D})_{kr}}{L/D} \cdot Nu_{DeI} + \frac{(\frac{X}{D})_{Anl.} - (\frac{X}{D})_{kr}}{L/D} Nu_{DeII}$$
$$+ \frac{1}{4} Pe_D \cdot \frac{D}{L} \left\{ 1 - \exp\left[-\frac{4\overline{Nu}_{DIII}}{Pe_D \cdot D/L} \cdot \frac{\frac{L}{D} - (\frac{X}{D})_{Anl.}}{L/D} \right] \right\} \cdot \left(1 - \frac{\vartheta_{eIII} - \vartheta_e}{\vartheta_0 - \vartheta_e}\right) \qquad (III,17)$$

wobei sich die mittlere Differenz zwischen der Mediumstemperatur am Eintritt in Bereich III und derjenigen am Rohreintritt ($\vartheta_{eIII} - \vartheta_e$), bezogen auf die maximale Temperaturdifferenz ($\vartheta_0 - \vartheta_e$), aus der Energiebilanz für die beiden ersten Abschnitte berechnen lässt. Es gilt:

$$\frac{\vartheta_{eIII} - \vartheta_e}{\vartheta_0 - \vartheta_e} = \frac{4}{Pe_D \, D/L} \left\{ \frac{(\frac{X}{D})_{kr}}{L/D} (Nu_{De})_I + \frac{(\frac{X}{D})_{Anl.} - (\frac{X}{D})_{kr}}{L/D} Nu_{DeII} \right\} \qquad (III,18)$$

Die nach Gl. (III,17) berechneten[1] und in die Arbeitsblätter eingetragenen Kurven mit gleichem D/L-Parameter weisen im Übergangsbereich, je nach Wahl der kritischen Re-Zahl ($Re_{X\,kr} = w\,X_{kr}/\nu$), starke Abweichungen voneinander auf. An welcher Stelle X_{kr}[2] nun im jeweiligen Fall der Umschlag der laminaren in die turbulente Grenzschichtströmung erfolgt, hängt in starkem Maß von den Störungen am Rohreinlauf ab (Kap.III,3.3).

Zur Berechnung des Wärmeübergangsverhaltens im Übergangsbereich und bei turbulenter Strömung wird häufig folgende von Hausen [26] angegebene Gleichung benutzt:

$$\overline{Nu}_D = 0,037 \, (Re_D^{0,75} - 180) \, Pr^{0,42} \left[1 + (\frac{D}{L})^{2/3} \right] \qquad (III,19)$$

Im Übergangsbereich erfasst sie die Messungen bei mittleren Störungsgraden $(X/D)_{kr}$ recht gut (s.Kap.III,3.3). Wie man jedoch nach Übertragung dieser Beziehung gemäss Gl. (I,14) in die einheitliche Darstellungsweise erkennt, kann nicht die vielfach angegebene Re-Zahl $Re_D = 2300$ die untere Begrenzung des Gültigkeitsbereiches darstellen, da hierfür die Linie des thermischen und hydrodynamischen Anlaufs z.T. beträchtlich unterschritten wird. Bei langen Rohren ist andererseits ein Gebiet zwischen dem laminaren und turbulenten Bereich noch ungeklärt. Die berechneten Kurven sind daher bei $Re_D = 2300$ abgebrochen. Es müsste an dieser Stelle ein sprunghafter Übergang vom laminaren ins turbulente Gebiet erwartet werden, wie er auch beim Druckverlust auftritt.

---

[1] Das für die Berechnung der Funktion $Nu_{De}^* = f\,(Pe_D^*\,D^*/L';Pr;D^*/L;Re_{X\,kr})$ (Gl. III,17) aufgestellte Algol-Programm befindet sich am Institut für Thermische Verfahrenstechnik und Heizungstechnik der TH Darmstadt.

[2] Im allgemeinen wird es keinen scharf abzugrenzenden Umschlagspunkt geben. X_{kr} soll vielmehr als eine mittlere Entfernung des Umschlagsgebietes vom Rohreintritt verstanden werden.

24   III. Grundlagen der einheitlichen Darstellung

3. Umströmte Einzelkörper

3.1 Einzelkörper im unendlich ausgedehnten Medium

3.1.1 Mittelkurve

Das Wärmeübergangsverhalten umströmter Einzelkörper beliebiger Form lässt sich
- wie schon erwähnt - durch die Einführung der Anströmlänge L' einheitlich beschreiben. Die von Krischer [37] zunächst für Luft (Pr = 0,72) angegebene Mittelkurve $Nu_{L'} = f(Re_{L'})$ (Abb. 7) erfasst für $Re_{L'} > 20$ sämtliche Wärmeübergangsmessungen [18, 29, 36, 50, 51 64] mit einer Genauigkeit von ±20 %, sofern keine freie Konvektion auftritt (s.Kap.III,3.1.2) und sofern nicht grosse Teile der Austauschflächen im Strömungsschatten liegen (konkave Flächen)[1]. Im Bereich sehr kleiner Strömungsgeschwindigkeiten $Re_{L'} < 20$ wird der Wärmeübergang aussenumströmter Körper nicht mehr allein durch Konvektion bestimmt. Mit kleiner werdender Geschwindigkeit läuft der Wärmeübergangskoeffizient einem für den Beharrungszustand der Wärmeleitung im unendlich ausgedehnten Medium gültigen Grenzwert zu. Dieser ist von der jeweiligen geometrischen Form der Körper abhängig; für einige Körper ist er am linken Rand des Diagrammes angegeben.

Für eine Kugel oder eine Kreisscheibe folgt der minimale Wärmeübergangskoeffizient
- dem Wärmestrom im ruhenden Medium entsprechend - zu $Nu_{L'min} = 2$.

Für unendlich ausgedehnte Körper (z.B. Zylinder oder Platte) existiert eine solche Grenze nicht.

Von dieser Auffächerung abgesehen, stimmt die Mittelkurve - gemäss der Definition von L' - in ihrem unteren Bereich ($Re_{L'} < 10^3$) mit der von Pohlhausen ermittelten theoretischen Lösung für den Wärmeübergang bei laminarer Grenzschichtströmung an der ebenen Platte überein (s.Gl.III,9):

$$Nu_{L'} = 0{,}664 \sqrt[3]{Pr} \sqrt{Re_{L'}} \qquad (III,20)$$

In ihrem oberen Bereich ($Re_{L'} > 5 \cdot 10^5$) folgt sie der Lösung für die turbulente Grenzschichtströmung an der ebenen Platte [47].

---

[1] Für diese Fälle ist nach [39] eine Unterscheidung hinsichtlich Austauschfläche und Anströmlänge sinnvoll. Während sich im laminaren Bereich die Hüllfläche und deren Anströmlänge als geeignete Bezugsgrössen erweisen, kommen bei starker Wirbelbildung in den Toträumen nur die wahre Austauschfläche und die entsprechende Anströmlänge in Betracht.

3. Umströmte Einzelkörper 25

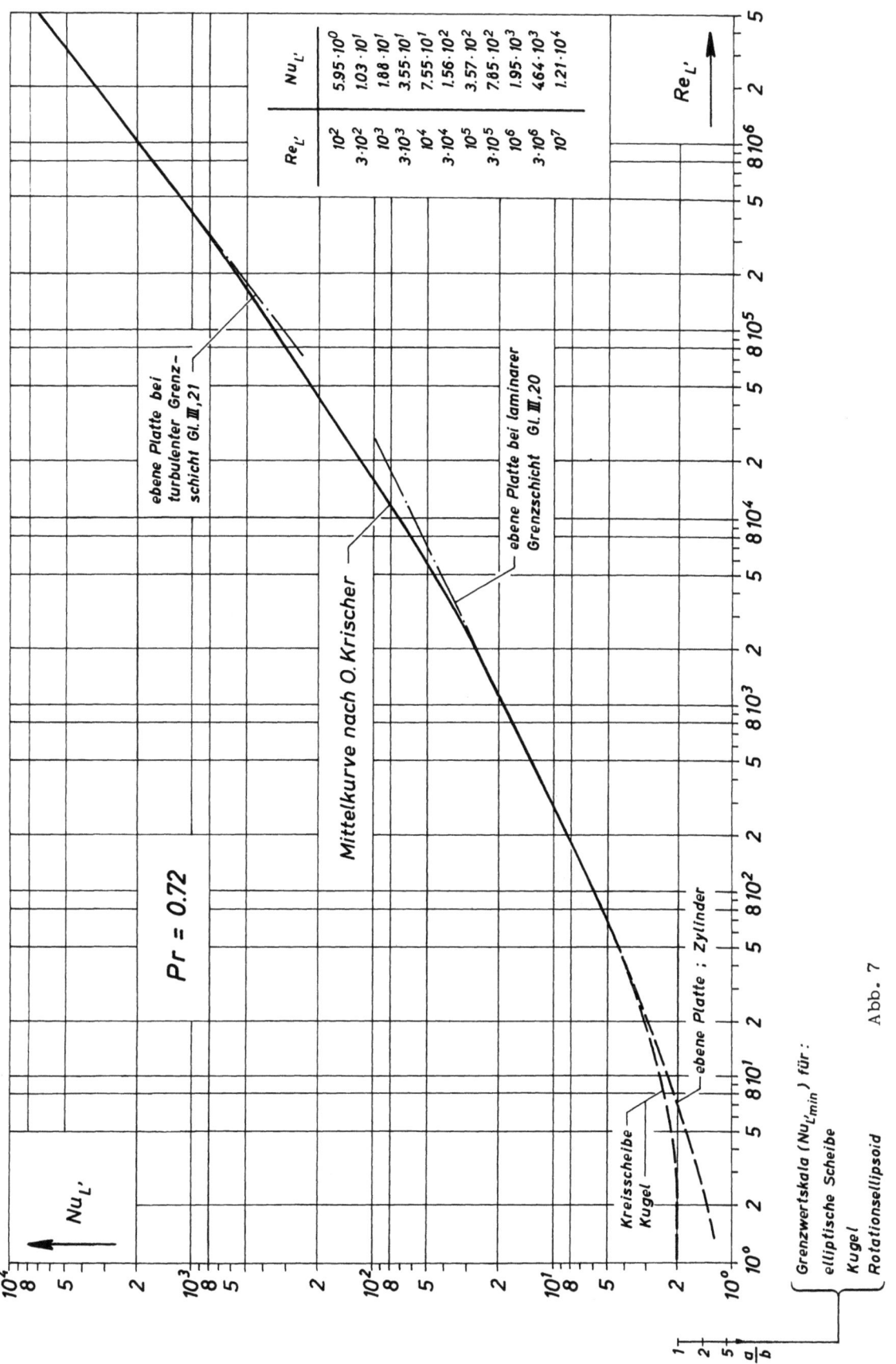

Abb. 7

26 III. Grundlagen der einheitlichen Darstellung

Im Gültigkeitsbereich des Blasius-Gesetzes (bis $Re_{L'} \approx 10^7$) gilt

$$Nu_{L'} = V \cdot Nu_X|_{X=L'}$$
$$= V \cdot \frac{0{,}0296 \cdot Re_{L'}^{0{,}8} \cdot Pr}{1 + 1{,}58\,(Pr-1)\,Pr^{-0{,}25} \cdot Re_{L'}^{-0{,}1}} \qquad (III,21)$$

während für noch grössere $Re_{L'}$-Werte ($7{,}5 \cdot 10^6 < Re_{L'} < 10^8$) mit dem logarithmischen Geschwindigkeitsverteilungsgesetz nach Prandtl (s.[56])

$$Nu_{L'} = V' \cdot Nu_X|_{X=L'}$$
$$= V' \cdot \frac{0{,}0143 \cdot Re_{L'}^{0{,}85} \cdot Pr}{1 + 1{,}10\,(Pr-1)\,Pr^{-0{,}25}\,Re_{L'}^{-0{,}075}} \qquad (III,22)$$

resultiert.

Die Integrationsfaktoren V und V' sind in Tabelle 2 wiedergegeben [55].

Tabelle 2   Integrationsfaktoren V und V'

Pr	0,72	1	3	10	30	100	∞
V	1,27	1,25	1,19	1,15	1,13	1,12	1,11
V'	1,19	1,175	1,14	1,115	1,095	1,085	1,080

Die Gleichungen (III,20) bis (III,22) ermöglichen die Übertragung der in Abb. 7 dargestellten Mittelkurve (Pr = 0,72) auch auf höhere Pr- bzw. Sc-Zahlen (Abb. 8), wobei der Verlauf des Zwischenbereichs ($10^3 < Re_{L'} < 5 \cdot 10^5$) in Anlehnung an den für Pr = 0,72 gezeichneten interpoliert werden muss. In diesem Bereich ist der Wärmeübergang stark von dem jeweiligen Störungsgrad der Strömung abhängig, d.h. davon, bei welcher Re_X-Zahl der Umschlag der laminaren Grenzschichtströmung in die turbulente erfolgt (Kap.III,2.2 und III,3.3). Die Mittelkurve, die bei verhältnismässig kleinen $Re_{L'}$-Werten von der Kurve für die laminare Grenzschichtströmung abhebt, beschreibt in etwa die Verhältnisse, wie sie beim technischen Wärmeaustausch an umströmte Körper vorkommen.

3.1.2 Überlagerung von freier und erzwungener Konvektion

Auch bei freier Konvektion lassen sich sämtliche Wärmeübergangsmessungen an beliebig geformten Einzelkörpern - wiederum durch die Wahl der Anströmlänge L' als charakteristische Länge - einem einzigen Funktionsverlauf zuordnen. Er hat die Form

$$Nu_{L'} = f\,(Gr_{L'} \cdot Pr)$$

mit der verallgemeinerten Grashofschen Kenngrösse

$$Gr_{L'} = \frac{g \cdot L'^2 \cdot H \cdot (\rho_o - \rho_M)}{\nu^2 \cdot \rho_o} \qquad (III,23)$$

3. Umströmte Einzelkörper

Es bedeuten:
- g   Erdbeschleunigung
- L'   Anströmlänge (n.Kap.I,5)
- H   die für die Auftriebsenergie $H \cdot (\rho_O - \rho_M)$ maßgebliche geometrische Höhe des jeweiligen Körpers
- ρ_O Dichte des Mediums unmittelbar an der Oberfläche
- ρ_M Dichte der wandfernen Mediumsschichten

Der Funktionsverlauf für freie Konvektion kann nun mit demjenigen für zwangsumströmte Einzelkörper (Kap.III,3.1.1) zur Deckung gebracht werden, wenn im Fall der freien Konvektion auf der Abszisse die äquivalente Bewegungskenngrösse

$$Re_{L'}^* = c\,(Pr) \cdot Gr_{L'}^{1/2} \tag{III,24}$$

aufgetragen wird.

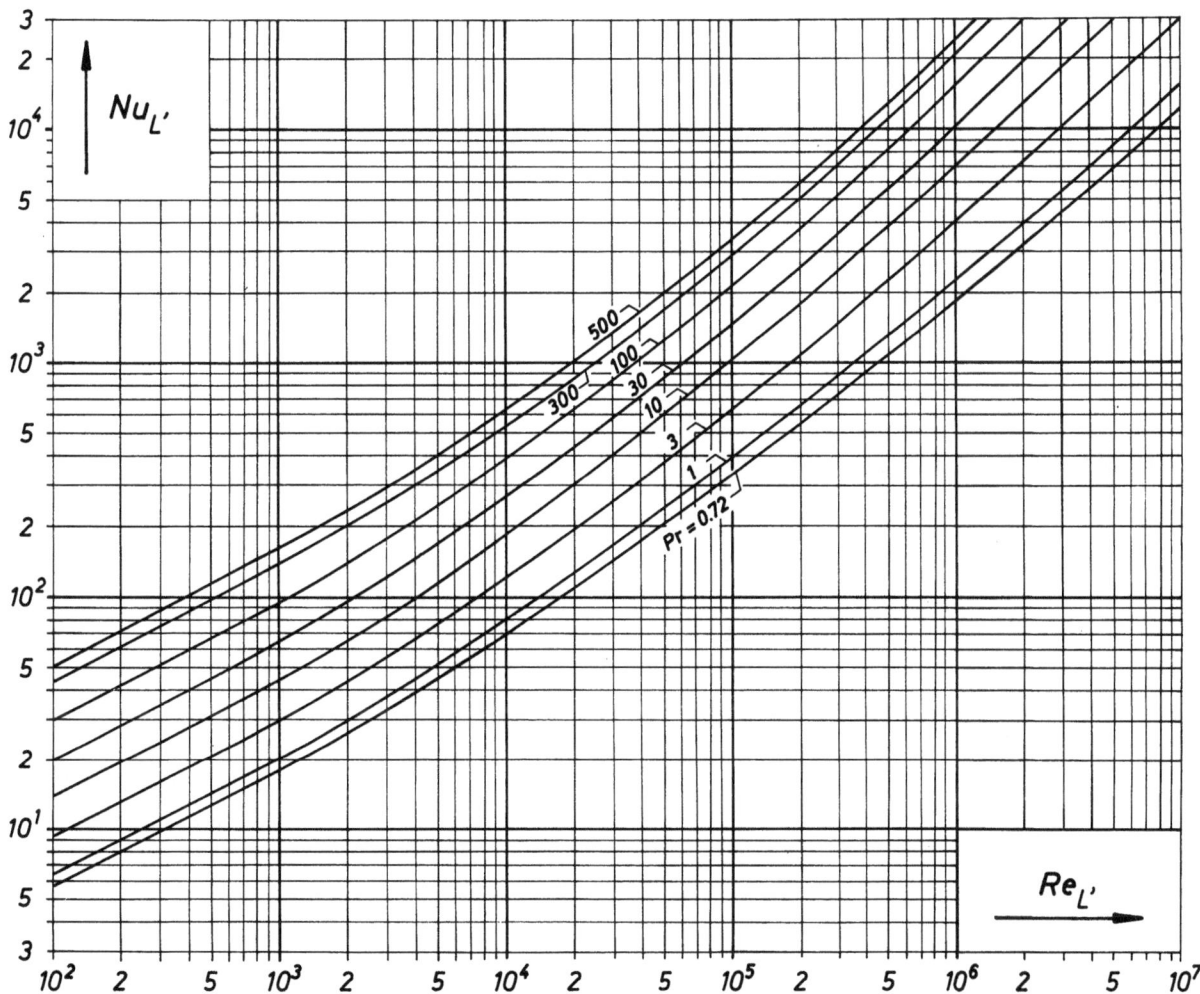

Abb. 8   Wärmeübergang bei umströmten Einzelkörpern für verschiedene Prandtl-Zahlen

28   III. Grundlagen der einheitlichen Darstellung

Aus einem Vergleich der Beziehungen für laminare Grenzschichtströmung bei freier und erzwungener Konvektion folgen die in [8] angegebenen Äquivalenzfaktoren c (Pr) nach Tabelle 3.

Tabelle 3   Äquivalenzfaktoren c (Pr)

Pr	0,72	10	100	1000
c (Pr)	0,64	0,59	0,45	0,31

c (Pr) hängt der Ableitung entsprechend im laminaren Bereich nur von der Pr-Zahl, nicht aber von der Stoffbewegung ($Gr_{L'}$ bzw. $Re^*_{L'}$) ab. Erst im Übergangsbereich und bei turbulenter Grenzschicht ist eine geringfügige Abnahme des Äquivalenzfaktors mit zunehmender $Re^*_{L'}$-Zahl zu beobachten.

Als maßgebliche Kenngrösse bei Überlagerung von freier und erzwungener Konvektion gilt

$$Re^*_{L'} = \sqrt{Re^2_{L'} + Re^{*2}_{L'}} = \sqrt{Re^2_{L'} + c^2(Pr) \cdot Gr_{L'}} \qquad (III,25)$$

eine Grösse, die - unabhängig von der Richtung der erzwungenen und freien Strömung - die Summe der kinetischen Energien der einzelnen Bewegungen darstellt. Mit ihrer Hilfe lässt sich das Wärmeübergangsverhalten an Einzelkörpern bei erzwungener und freier Konvektion sowie bei Überlagerung dieser Grenzfälle einheitlich durch die in Abb. 8 wiedergegebenen Mittelkurven beschreiben.

3.2 Einzelkörper im begrenzten Medium

Die in Kap.III,3.1.1 dargestellten Gesetzmässigkeiten (Mittelkurve) sind gültig, solange die Abmessungen eines Kanals gross sind im Vergleich zu denen eines umströmten Einzelkörpers, d.h. solange sich die Überströmgeschwindigkeit nicht merklich von der Anströmgeschwindigkeit unterscheidet.

Die Beschreibung des Wärmeübergangs mit Hilfe der Mittelkurve ist aber auch dann noch möglich, wenn der freie Querschnitt des Kanals durch den Einzelkörper zwar spürbar verkleinert, die Ausbildung der Grenzschicht an dem Einzelkörper jedoch noch nicht von den Vorgängen an den Begrenzungswänden gestört wird. An Stelle der Anströmgeschwindigkeit ist hierbei gemäss der Definitionsgleichung (I,19) die mittlere wirksame Geschwindigkeit des Abschnitts zu verwenden, in dem sich der Einzelkörper befindet: $w_m = w_o/\Psi$. Erst wenn sich die an den Kanalwänden und an dem Einzelkörper entstehenden Reibungsschichten gegenseitig beeinflussen, wird die Einführung einer weiteren charakteristischen Grösse erforderlich. Die Strömung zwischen Einzelkörper und Mediumsbegrenzung zeigt nun ausgeprägtes Kanalverhalten, so dass neben der Anströmlänge L' der gleichwertige Durchmesser D^*, Gl. (I,21), von Bedeutung ist. In diesen Fällen gelten die Beziehungen für durchströmte Kanäle (s.Kap.III,2).

3. Umströmte Einzelkörper   29

Bei extremen Verengungen $w_e/w_o > 7$ um einen Einzelkörper oder in einer einlagigen
Anordnung, z.B. einer einzelnen Rohrreihe (nicht jedoch bei derartigen Verengungen
innerhalb eines Haufwerks), ist $w_m = w_e/2$, $F_m = 2 F_e$ (s.Kap.I,3 und I,6) zu setzen.

3.3 Die Gesetzmäßigkeiten des Wärmeübergangs an umströmten Einzelkörpern und durchströmten Kanälen in der einheitlichen Darstellungsweise – Übereinstimmung und Unterschiede

Sowohl die Tatsache, dass für kurze Kanäle - solange die laminare oder turbulente
Grenzschicht noch weit von der Kanalmitte entfernt ist - die gleichen Beziehungen
wie für umströmte Einzelkörper im ausgedehnten Medium gelten (s.Gln. (III,9) bis
(III,20) und Gln. (III,13) bis (III,22)), als auch der im vorherigen Abschnitt be-
schriebene stetige Übergang der Gesetzmässigkeiten umströmter Einzelkörper von der
Mittelkurve bis hin zu den Beziehungen für das Kanalverhalten lassen die Vorteile
einer gemeinsamen Darstellung deutlich erkennen.

Die hierzu erforderliche Übertragung der Mittelkurve in die bisher nur für durchströmte Kanäle behandelten Arbeitsdiagramme geschieht durch formale Umrechnung des
dimensionslosen Wärmeübergangskoeffizienten $Nu_{D^*e} = Nu_L \cdot D^*/L'$ sowie der zugeordneten Bewegungskenngrösse $Pe_{D^*} \cdot D^*/L' = Re_L \cdot Pr \cdot (D^*/L')^2$. Für den Einzelkörper im
unendlich ausgedehnten Medium kann der gleichwertige Durchmesser D^* dabei jeden beliebigen Wert annehmen, sofern $D^* > L'$ gewählt wird.

Die untere Grenze des Wärmeübergangs an umströmten Einzelkörpern stellt, wie für
die meisten anderen technischen Übergangsprobleme (Kap.III,2.1.2), die Kurve für
den thermischen und hydrodynamischen Anlauf bei laminarer Strömung dar.

Im Gültigkeitsbereich der Beziehung für die ebene Platte Gl. (III,9) - d.h. für
grosse D^*/L'-Werte (Einzelkörper im weiten Kanal) - läuft die in das jeweilige Arbeitsdiagramm übertragene Mittelkurve glatt in diese Grenzkurve ein. Die verschieden definierten Wärmeübergangskoeffizienten (s. Gl. (I,14) und (I,15)) unterscheiden sich hier praktisch nicht mehr voneinander:

$$Nu_{D^*e} \approx \overline{Nu_{D^*}} \approx Nu_{D^*ar}$$

und die Behandlung der überlagerten Strömung kann für diesen Bereich - der Ableitung des Äquivalenzfaktors entsprechend - auch in der einheitlichen Darstellung
nach Kap.III,3.1.2 erfolgen.

Für kleine D^*/L'-Werte (Einzelkörper im engen Kanal) ist dagegen - wie im Fall in-
nendurchströmter Rohre - ein geringfügig höherer Wärmeübergangskoeffizient (bis
+15 %) als für eine laminar überströmte Platte zu erwarten. Demzufolge wird hier
die umgerechnete Mittelkurve durch die Kurve für den thermischen und hydrodynamischen Anlauf abgeschnitten und der Äquivalenzfaktor c (Pr) verliert für diese Fälle
seine Gültigkeit.

30   III. Grundlagen der einheitlichen Darstellung

Wie Abb. 9 zeigt, besteht zwischen den für durchströmte Kanäle und umströmte Einzelkörper gültigen Beziehungen nicht nur im laminaren, sondern auch im vollkommen turbulenten Bereich weitgehende Übereinstimmung. Grössere Unterschiede im Wärme-

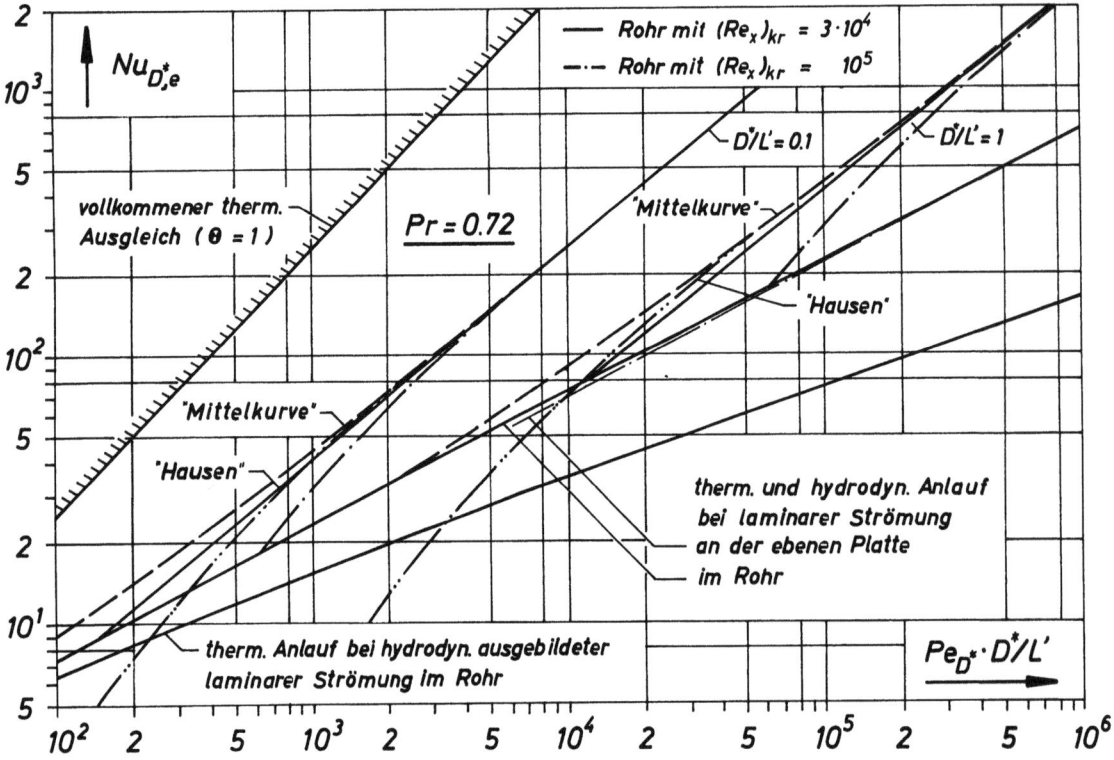

Abb. 9 Vergleich verschiedener Beziehungen für die turbulente Rohrströmung in der einheitlichen Darstellung

übergangsverhalten treten dagegen im Übergangsbereich auf, und zwar sowohl zwischen den umströmten und durchströmten Körpern als auch zwischen den einzelnen Fällen durchströmter Kanäle selbst. Die Ursache hierfür ist in unterschiedlichen Störungen des anströmenden Mediums und dem unterschiedlichen Dämpfungsverhalten beim Überströmen der austauschenden Oberfläche zu suchen.

So stellte Reinicke [55] z.B. bei Wärmeübergangsmessungen an durchströmten Rohren fest, dass die Messpunkte für ein Verhältnis $D^*/L' = 0,1$ unabhängig von der Pr-Zahl bei einem gerundeten Einlauf der für $Re_{x\,kr} = 10^5$ berechneten Kurve folgen, während sie nach Vorschalten einer Lochblende einen Verlauf gemäss der Kurve $Re_{x\,kr} = 3 \cdot 10^4$ annahmen. Mit grösser werdendem D^*/L' verschob sich jedoch der Übergang von der laminaren zur turbulenten Strömung für den ungestörten und den gestörten Einlauf zu kleineren $Re_{x\,kr}$-Werten, was auf eine vergleichsweise geringe Dämpfung zurückzuführen ist. Für sehr kurze innendurchströmte Rohre dürfte schliesslich, wie für umströmte Einzelkörper im weiten Kanal, die Mittelkurve den geeigneten Bezug darstellen.

Die ebenfalls in Abb. 9 eingezeichneten, nach Hausen [26] Gl. (III,19) berechneten Kurven erfassen - wie bereits erwähnt (Kap.III,2) - im Übergangsgebiet die Rohrströmung bei mittleren Störungsgraden.

4. Haufwerke

Ein Haufwerk besteht aus einer Vielzahl von Einzelkörpern unterschiedlichster Form (Rohre, Schüttgut, Fasern usw.), die je nach Anordnung und Packungsdichte einzeln umströmt werden oder aber in ihrer Gesamtheit zahlreiche parallel durchströmte Kanäle bilden.

Demzufolge lässt sich das Wärmeübergangsverhalten von Haufwerken gut mit der für umströmte und durchströmte Körper entwickelten Darstellungsweise beschreiben.

Durch die sinngemässe Übertragung der Definitionen für die charakteristischen Grössen w, L' und D^* (Kap.I,3, I,5 und I,6) auch auf Haufwerke treten insbesondere im laminaren Bereich keine nennenswerten Abweichungen von den früher dargestellten Gesetzmässigkeiten auf. Sämtliche Wärmeübergangsmessungen können hier ebenfalls den Kurven für den thermischen und hydrodynamischen Anlauf bei laminarer Strömung zugeordnet werden.

Besondere Beachtung ist dagegen dem Übergangsbereich und dem turbulenten Bereich zu widmen, da die Strömung bei Haufwerken in sehr viel stärkerem Maß gestört wird, als dies bei innendurchströmten Kanälen und umströmten Einzelkörpern der Fall ist.

4.1 Geordnete Haufwerke

4.1.1 Einlagige Haufwerke (z.B. Rohrreihe)

Einlagige Haufwerke sind wie umströmte Einzelkörper im engen Kanal zu behandeln (Kap.III,3,2 und III,3.3): Mit der Anströmlänge L' des jeweiligen Einzelkörpers, dem gleichwertigen Durchmesser D^* für die gesamte Reihe gemäss Gl. (I,21) sowie der mittleren Geschwindigkeit w_m, Gl. (I,19), kann die $Pe_D^* \cdot D^*/L'$-Zahl berechnet und der Wärmeübergangskoeffizient den Arbeitsdiagrammen entnommen werden. Bezugskurve im Übergangsbereich stellt die für das entsprechende D^*/L'-Verhältnis umgerechnete Mittelkurve dar (Abb. 8).

Bei starken Beschleunigungen sowohl im Kanaleintritt (geringe Einlaufstörungen) als auch bei Eintritt in die Rohrreihe (gute Dämpfung etwaiger Störungen) können im Übergangsbereich jedoch grössere Abweichungen (bis -40 %) auftreten, als dies den Gültigkeitsbereichen der Mittelkurve (±15 %) entspricht [55]. Zur genaueren Festlegung müsste $Re_{kr} = f(D^*/L')$ bekannt sein. Man wird im Übergangsbereich daher mit grösserer Sicherheit dem Verlauf der Kurve für den hydrodynamischen und thermischen Anlauf folgen anstelle der Mittelkurve (vgl.Abb.16, Übergangsbereich II, bei fluchtender Anordnung).

32   III. Grundlagen der einheitlichen Darstellung

Für eine Rohrreihe ist das D^*/L'-Verhältnis nur eine Funktion der Querteilung (Abb. 10) und kann somit unmittelbar in Abhängigkeit von dieser Grösse angegeben werden (s.a.Abb.15).

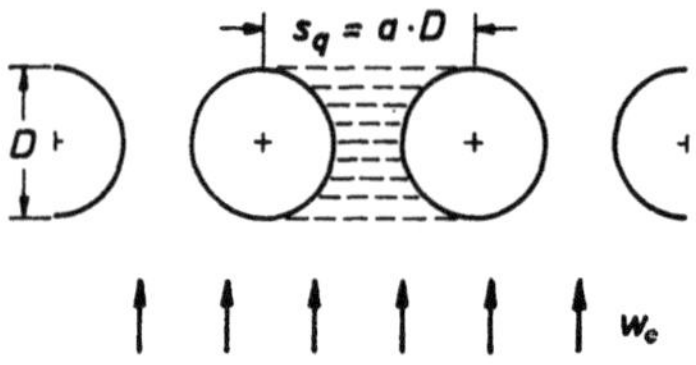

$$D^* = \frac{4 F \cdot \psi \cdot L'}{A} = \frac{4a}{\pi}\left(1 - \frac{\pi}{4a}\right) L'$$

$$\psi = 1 - \frac{\pi}{4a} \quad ; \quad L' = \frac{\pi}{2} D$$

$$w_m = \frac{w_e}{\psi} = \frac{w_e}{1 - (\pi/4a)}$$

Abb. 10   Bezeichnungen bei der Rohrreihe

4.1.2 Vielschichtige Haufwerke (z.B. Rohrbündel)

Bei vielschichtigen Haufwerken muss hinsichtlich des örtlichen Wärmeübergangs eine Unterscheidung getroffen werden. Während in der ersten Hälfte der ersten Schicht und in der letzten Hälfte der letzten Schicht ähnliche Verhältnisse vorliegen dürften wie bei einem einlagigen Haufwerk, sind im Innern des Haufwerks infolge zahlreicher Umlenkungen und Neuanströmungen höhere Wärmeübergangskoeffizienten zu erwarten. Da die Übertragungsverhältnisse für jede der inneren Schichten nahezu gleich sind [32], reicht es aus, ein aus n Schichten bestehendes Haufwerk in eine erste Schicht - ersatzweise für die erste Hälfte der ersten und die letzte Hälfte der letzten Schicht - und in n-1 innere Schichten zu unterteilen. Für die erste Schicht gelten dabei die Gesetzmässigkeiten eines einlagigen Haufwerks (s.Kap.III, 4.1.1); die Vorgänge in den inneren Schichten erfordern eine differenziertere Beschreibung.

4.1.2.1 Wärmeübergang im Innern des Haufwerks

Die folgenden Betrachtungen beziehen sich auf eine beliebige der n-1 inneren Schichten, wobei als treibendes Potential die Differenz zwischen der konstanten Oberflächentemperatur ϑ_0 und der Temperatur am Eintritt in die jeweilige Übertragungseinheit (Schicht) ϑ_{en} anzusehen ist.

Zur Definition der charakteristischen Grössen

a) <u>Fluchtende Anordnung</u> sowie <u>versetzte Anordnung</u> mit engstem Querschnitt senkrecht zur Anströmrichtung bei einem Längsteilungsverhältnis <u>b ≥ 1</u> (Abb. 11):

Da ein Austausch nur in den einzelnen Schichten und nicht in den Zwischenbereichen stattfindet, erweist es sich im Gegensatz zu früheren Annahmen als zweck-

4. Haufwerke

mässig, die charakteristischen Grössen mit dem Hohlraumanteil in einer Einzelreihe und nicht mit dem mittleren Hohlraumanteil der gesamten Anordnung zu bilden [3, 11, 35].

Für ein derartiges Rohrbündel können die charakteristischen Grössen somit Abb.10 und Abb.15 für eine Rohrreihe entnommen werden.

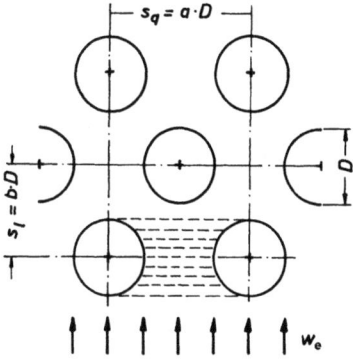

Abb. 11 Bezeichnungen bei versetzter Anordnung von Rohrbündeln

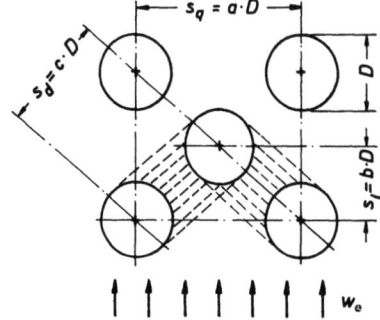

Abb. 12 Bezeichnungen bei versetzter Anordnung von Rohrbündeln (engster Querschnitt in der Diagonale)

b) <u>Versetzte Anordnung</u> mit engstem Querschnitt senkrecht zur Anströmrichtung bei einem Längsteilungsverhältnis <u>b ≤ 1</u>:

Im Gegensatz zu Fall a) ist die Höhe einer Schicht gleich oder kleiner als die geometrische Höhe eines Einzelkörpers. Der gleichwertige Durchmesser und die mittlere Geschwindigkeit sind nicht mehr unabhängig von der Längsteilung. Sie sind mit dem mittleren Hohlraumanteil des Haufwerks zu bilden (s.Kap.III,4.2).

Für ein Rohrbündel gilt mit $\Psi = (1 - \frac{\pi}{4ab})$:

$$D^* = \frac{4a}{\pi} (1 - \frac{\pi}{4ab}) \cdot L' \quad \text{und}$$

$$w_m = \frac{w_o}{1 - \frac{\pi}{4ab}}$$

c) <u>Versetzte Anordnung</u> mit engstem Querschnitt in der Diagonale <u>c ≤ a</u>:

Wie im Fall a) ist hier eine Einzelreihe zu betrachten, die allerdings nicht mehr senkrecht zur Anströmrichtung (w_o) angeordnet ist (Abb. 12). Die Gesamtzahl der in Rechnung zu setzenden Schichten reduziert sich bei dieser Betrachtung auf n-1.

34   III. Grundlagen der einheitlichen Darstellung

Für das Beispiel des Rohrbündels berechnen sich die charakteristischen Grössen wie folgt:

$$\Psi = 1 - \frac{\pi}{4c}$$

$$D^* = \frac{4c}{\pi}\left(1 - \frac{\pi}{4c}\right) \cdot L'$$

$$w_m = \frac{a}{2c} \frac{w_o}{1 - \frac{\pi}{4c}}$$

mit c dem Teilungsverhältnis in der Diagonalen

Als Anströmlänge bleibt in jedem Fall diejenige des Einzelkörpers gültig, da L' stets die mittlere Länge eines Strömungsfadens entlang der austauschenden Oberfläche in einer Übertragungseinheit (Schicht) darstellt. Abb. 13 verdeutlicht diesen Zusammenhang am Beispiel geordneter Kugelhaufwerke.

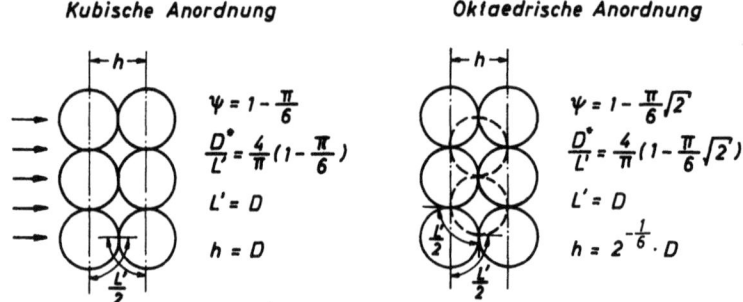

Abb. 13 Bezeichnungen bei Kugelschüttungen

<u>Übergangsverhalten</u>

Dem Strömungsverhalten entsprechend, sind hier vier Abschnitte zu behandeln, deren Beschreibung zunächst für das <u>versetzte Haufwerk</u> erfolgen soll (s.Abb.16):

I. Da im Innern eines Haufwerks jede einzelne Schicht neu angeströmt wird, sind für diese im rein <u>laminaren Bereich</u> die Kurven für den thermischen und hydrodynamischen Anlauf maßgebend. Dabei ist insbesondere bei querangeströmten Rohrbündeln - infolge der parallelen Anordnung der Rohre - die Grenzkurve für den ebenen Spalt gültig.

Im Gegensatz zu durchströmten Kanälen, umströmten Einzelkörpern und Einzelreihen schlägt die Strömung jedoch bei kleineren Geschwindigkeiten um, d.h. die Wärmeübergangskoeffizienten heben früher von den Kurven für den thermischen und hydrodynamischen Anlauf bei laminarer Strömung ab. Ferner lassen sie sich in ihrem weiteren Verlauf nicht mehr allein mit Hilfe einer einzigen Kurve beschreiben.

II. Wie Jaeschke [32] für ungeordnete und regelmässig <u>versetzte Haufwerke</u> zeigte, folgen die in die einheitliche Darstellung übertragenen Messpunkte <u>nach erfolg-</u>

tem Umschlag zunächst einer Mittelkurve, die im Vergleich mit dem tatsächlichen Parameter D^*/L' einen kleineren Wert aufweist. Bezüglich der Zahlenwerte dieser Parameter wurde für sämtliche untersuchten Anordnungen im Mittel eine einzige, nur von dem wirklichen D^*/L'-Verhältnis abhängige Funktion gefunden, die in Abb. 14, Kurve II, wiedergegeben ist.

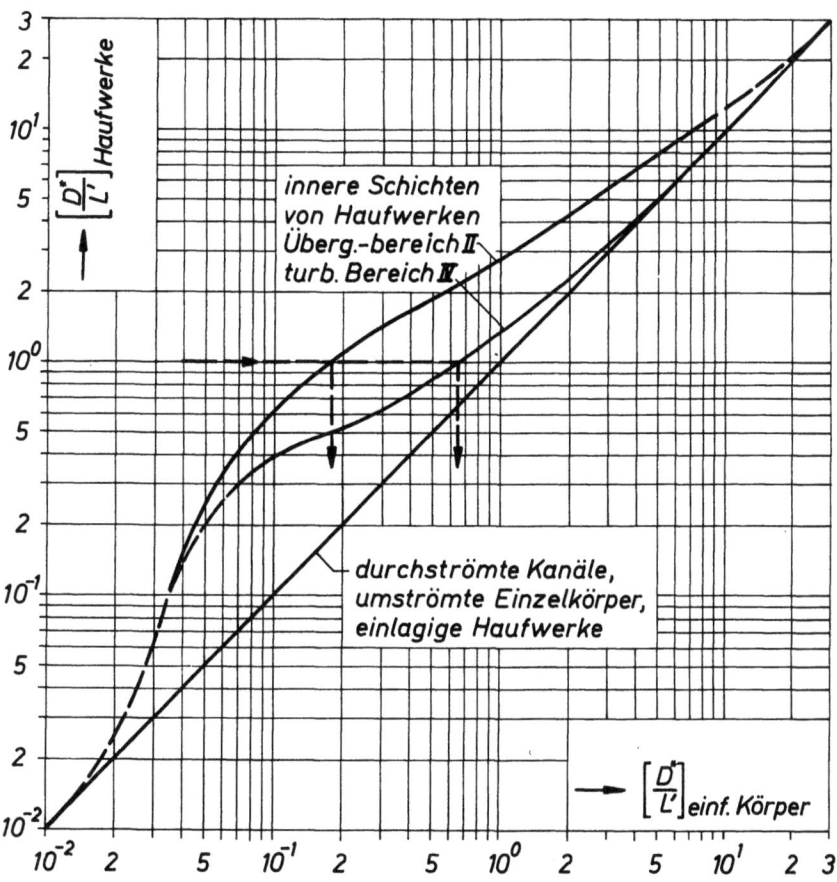

Abb. 14 Parameter-Zuordnungsdiagramm für Haufwerke

Beträgt beispielsweise das nach den Definitionsgleichungen berechnete Verhältnis $D^*/L' = 1$, so sind die Wärmeübergangskoeffizienten in der einheitlichen Darstellungsweise einer Mittelkurve zuzuordnen, die für umströmte Einzelkörper und Einzelreihen einem Wert von $D^*/L' = 0,18$ entspricht.

Für den häufigsten Fall der Rohrbündelanordnungen, den Fall a), können Abb. 15 die wirklichen D^*/L'-Verhältnisse und die für den Übergangsbereich gültigen Parameter als Funktion der Querteilung entnommen werden.

III. In einer zweiten Hälfte des Übergangsbereiches wird ein geringerer Anstieg des Wärmeübergangskoeffizienten in Abhängigkeit von der Strömungsgeschwindigkeit bzw. von der $Pe_D * D^*/L'$-Zahl festgestellt, als dies der Steigung der zugeordneten Mittelkurve entspricht. Die Wärmeübergangskoeffizienten folgen in diesem Bereich - wie dies im Fall der Rohrbündel durch zahlreiche Untersuchungen

36   III. Grundlagen der einheitlichen Darstellung

[1, 4, 5, 6, 15, 18, 22, 48][1] belegt ist - den in die Arbeitsdiagramme eingezeichneten Querlinien, deren Parameter dem wirklichen D^*/L'-Verhältnis des Haufwerks entsprechen.

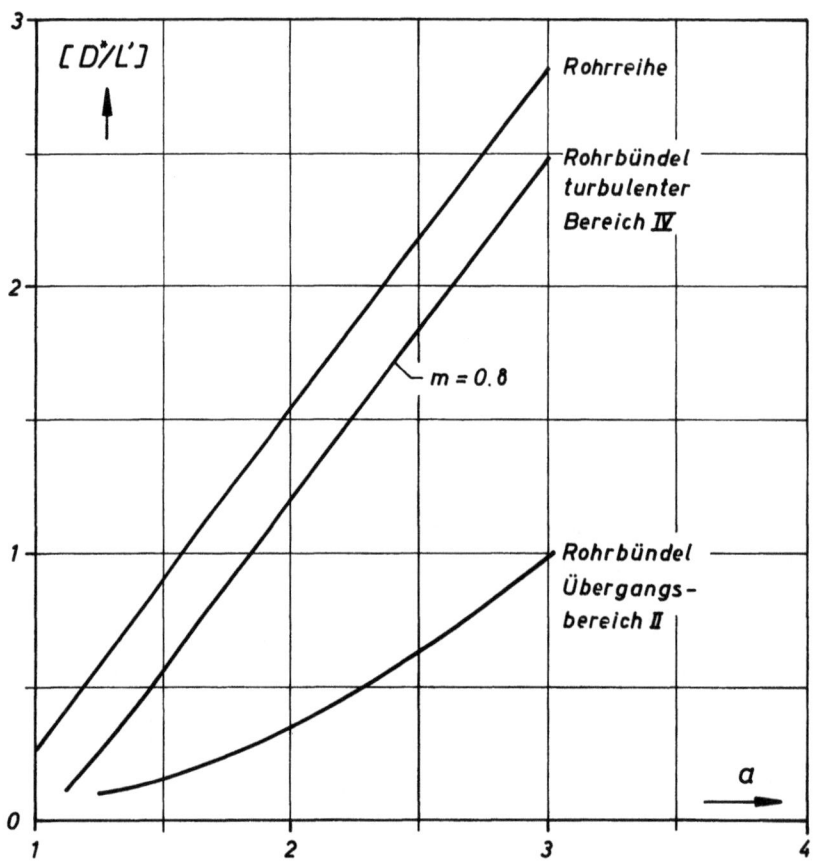

Abb. 15 Parameter D^*/L' für Rohrbündel als Funktion der Querteilung

IV. Ist die <u>Strömung vollkommen turbulent</u>, stellt wiederum die Mittelkurve den geeigneten Bezug dar. Aus den Untersuchungen [55] geht hervor, dass im turbulenten Bereich bei Wahl der Geschwindigkeit im engsten Querschnitt als charakteristische Geschwindigkeit Übereinstimmung zwischen den Parametern der zu betrachtenden Kurve und dem wirklichen D^*/L'-Verhältnis besteht. Da aber in der einheitlichen Darstellung die mittlere Geschwindigkeit als Bezugsgrösse verwendet wird, folgen je nach Verengungsverhältnis kleinere Parameter-Werte, die ebenfalls Abb. 14, Kurve IV (als Funktion des wirklichen D^*/L'-Verhältnisses), oder Abb. 15 (als Funktion der Querteilung) entnommen werden können.

---

[1] Bei der Übertragung der von Grimison angegebenen Beziehungen in die einheitliche Darstellungsweise zeigt sich, dass der angegebene Gültigkeitsbereich bezüglich der Re-Zahl eingeschränkt werden muss. Vor allem bei kleinen Querteilungsverhältnissen wird mit kleiner werdender $Pe_D * D^*/L'$-Zahl sowohl die Grenzkurve nach Jaeschke (Bereich II) als auch die Kurve für den vollkommenen thermischen Ausgleich überschritten.

4. Haufwerke

Der gesamte Verlauf des Wärmeübergangskoeffizienten für eine Reihe im Innern eines versetzten Haufwerks (Rohrbündel mit a = 1,58) ist in Abb. 16 skizziert. Die hier benötigten Zahlenwerte sind auch in die Abb. 14 und 15 eingetragen.

Fluchtende Haufwerke unterscheiden sich in bezug auf das Strömungsverhalten von versetzten Haufwerken dadurch, dass die laminare Grenzschicht im allgemeinen bei höheren Geschwindigkeiten umschlägt. Wie insbesondere die Druckverlustmessungen an fluchtenden Rohrbündeln zeigen [35], ist der Umschlag bei umso grösseren Geschwindigkeiten zu erwarten, je kleiner die Längsteilung im Vergleich zur Querteilung ist, d.h. je ähnlicher die Anordnung parallel durchströmten Kanälen wird. Da der Umschlagspunkt nicht eindeutig angegeben werden kann, wird empfohlen, im Bereich I und II, wie in Abb. 16 skizziert, zu rechnen.

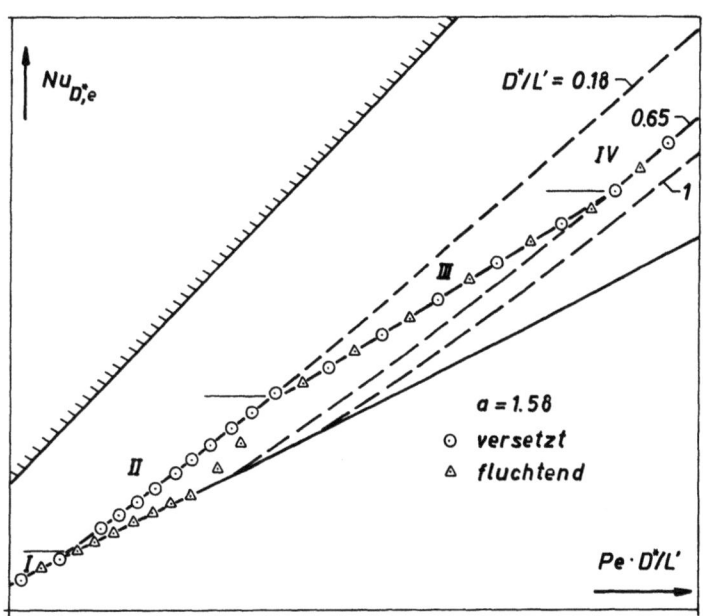

Abb. 16 Zur Darstellung des Übergangs von der laminaren zur turbulenten Durchströmung von Rohrbündeln

Nach erfolgtem Umschlag wird ein oft sprungartiger Anstieg des Wärmeübergangskoeffizienten auf die für das versetzte Haufwerk gültigen Werte beobachtet (Abb.16). Bei höheren Strömungsgeschwindigkeiten zeigen dann versetztes und fluchtendes Haufwerk nahezu gleiches Verhalten.

Beeinflusst bei extrem hohen Geschwindigkeiten $Re > 10^6$, wie sie in Abb. 15 nicht mehr berücksichtigt sind, die Rohrrauhigkeit das Strömungsgeschehen, so heben die Wärmeübergangskoeffizienten von der für den turbulenten Bereich gültigen Parameterkurve ab. Es wird ein grösserer Re-Exponent beobachtet, als er in diesem Bereich der Mittelkurve zukommt [22].

38   III. Grundlagen der einheitlichen Darstellung

4.1.2.2 **Bestimmung der gesamten in einem Haufwerk übertragenen Wärmemenge**

Die insgesamt in einem n-schichtigen Haufwerk übertragene Wärmemenge $\dot{Q}_{ges} = \dot{Q}_1 + \dot{Q}_j$ berechnet sich:

1) aus einem Anteil $\dot{Q}_1$

$$\dot{Q}_1 = A \cdot \alpha_{e1} (\vartheta_0 - \vartheta_{e1}) = \dot{V} \cdot \rho \cdot c_p \cdot (\vartheta_{e2} - \vartheta_{e1}) \qquad (III,26)$$

der in der ersten Schicht - ersatzweise für die erste Hälfte der ersten und die letzte Hälfte der letzten Schicht - übertragen wird, und

2) aus einem Anteil $\dot{Q}_j$

$$\dot{Q}_j = (n-1) \cdot A \cdot \alpha_{eges} (\vartheta_0 - \vartheta_{e2}) = \sum_{2}^{n} A \cdot \alpha_{ej} (\vartheta_0 - \vartheta_{en}) \qquad (III,27)$$

der für die n-1 inneren Schichten ermittelt werden muss.

Es bedeuten: A   Austauschende Oberfläche einer Übertragungseinheit (Schicht)

α_{e1} auf die Eintrittstemperaturdifferenz bezogener Wärmeübergangskoeffizient für eine Einzelreihe (vgl.Kap.III,4.1.1)

α_{ej} Wärmeübergangskoeffizient einer beliebigen Schicht im Innern des Haufwerks, bezogen auf die Temperaturdifferenz am Eintritt in diese Schicht (vgl.Kap.III,4.1.2.1)

α_{eges} Wärmeübergangskoeffizient des gesamten Haufwerks, bezogen auf die Temperaturdifferenz am Eintritt in die zweite Schicht

ϑ_{en} Temperatur am Eintritt der n-ten Schicht

Da die auf die jeweiligen Temperaturdifferenzen am Eintritt einer Übertragungseinheit im Innern des Haufwerks bezogenen Wärmeübergangskoeffizienten α_{ej} einander gleich sind und die Eintrittstemperaturdifferenzen $(\vartheta_0 - \vartheta_{en})$ sich mit Hilfe von Wärmebilanzen, s.Gl. (III,26), auf die Temperaturdifferenz am Eintritt in die zweite Schicht $(\vartheta_0 - \vartheta_{e2})$ zurückführen lassen, kann für α_{eges} bzw. für Nu_{D^*eges} ein geschlossener Ausdruck angegeben werden [37]:

$$Nu_{D^*eges} = \frac{\alpha_{eges} \cdot D^*}{\lambda} = \frac{1}{n-1} \cdot 0{,}25 \, Pe_{D^*} \frac{D^*}{L'} \left\{ 1 - \left[1 - \frac{Nu_{D^*e}}{0{,}25 \cdot Pe_{D^*} \, D^*/L'} \right]^{n-1} \right\} \qquad (III,28)$$

Nu_{D^*e} stellt dabei den dimensionslosen Wärmeübergangskoeffizienten dar, der für eine Schicht im Innern des Haufwerks gemäss Kap.III,4.1.2.1 den Arbeitsdiagrammen entnommen wird. Für die Umrechnung nach Gl. (III,28) kann Abb. 18 verwendet werden, wenn der Parameter n in dieser Abbildung durch (n-1) ersetzt wird.

Die Temperatur $\vartheta_{e2} = \vartheta_{a1}$ am Eintritt in die inneren Schichten des Rohrbündels kann in der üblichen Weise mit dem Maßstab oder aus

4. Haufwerke

$$\theta_1 = \frac{\vartheta_{e2}-\vartheta_{e1}}{\vartheta_0-\vartheta_{e1}} = \frac{Nu_D * e1}{0,25 \, Pe_D * D^*/L'} \qquad (III,29)$$

bestimmt werden.

Für die (n-1) inneren Schichten folgt aus einer Bilanz

$$\theta_{n-1} = \frac{\vartheta_{an}-\vartheta_{e2}}{\vartheta_0-\vartheta_{e2}} = \frac{(n-1) \, Nu_D * eges}{0,25 \, Pe_D * D^*/L'} \qquad (III,30)$$

so dass auch die Austrittstemperatur ϑ_{an} aus dem Rohrbündel in einfacher Weise berechnet werden kann.

Bei Bezug auf die Eintrittstemperatur ϑ_{e1} in das Rohrbündel gilt auch

$$\theta_n = \frac{\vartheta_{an}-\vartheta_{e1}}{\vartheta_0-\vartheta_{e1}} = \theta_{n-1} \, (1-\theta_1) + \theta_1 \qquad (III,31)$$

4.2 Ungeordnete Haufwerke in Festbetten und Wirbelbetten

4.2.1 Charakteristische Grössen

Da sich sämtliche Angaben bezüglich des Wärmeübergangsverhaltens in Haufwerken stets auf einzelne Schichten beziehen, ist es erforderlich, für ungeordnete Haufwerke äquivalente Schichten zu definieren. Es liegt dabei nahe, zu diesem Zweck - für ruhende und verwirbelte Haufwerke - als Modellvorstellung die einfachste Anordnung in einem geordneten Haufwerk, die kubische Anordnung, heranzuziehen [37, 41]:

Besteht 1 m³ Schüttung aus N gleichgrossen Kugeln mit dem Durchmesser D_K und dem Volumen V_K, so gilt

$$N = \frac{1-\Psi}{V_K} = \frac{6}{\pi} \frac{1-\Psi}{D_K^3} \qquad (III,32)$$

wobei als Hohlraumanteil Ψ ein mittlerer Wert für das gesamte Haufwerk einzusetzen ist.

In einer Schicht befinden sich nun pro Quadratmeter $N^{2/3}$ Körper, während auf 1 m Höhe $N^{1/3}$ Schichten entfallen. Mit Gl. (III,32) folgt für die Anzahl der Schichten bei einer Gesamthöhe H

$$n = \sqrt[3]{N} \cdot H = \frac{H}{D_K} \sqrt[3]{\frac{6}{\pi}(1-\Psi)} \qquad (III,33)$$

Die Höhe der einzelnen Schicht h beträgt somit

$$h = \frac{H}{n} = \frac{1}{\sqrt[3]{N}} = \frac{D_K}{\sqrt[3]{\frac{6}{\pi}(1-\Psi)}} \qquad (III,34)$$

Für eine Schüttung aus beliebig geformten Einzelkörpern gleicher Grösse ist in den Gln. (III,32) bis (III,34) der Durchmesser D_K' einer volumengleichen Kugel einzu-

III. Grundlagen der einheitlichen Darstellung

setzen:

$$D_K' = \sqrt[3]{\frac{6V}{\pi}} \qquad (III,35)$$

(V = Volumen des Einzelkörpers).

Im Fall einer Mehrkornschüttung (s.[33]) lautet der äquivalente Durchmesser

$$D_{KM}' = \sqrt[3]{\frac{6}{\pi} \Sigma \frac{N_i}{N} V_i} \qquad (III,36)$$

Es bedeuten: N_i/N Teilchenanteil der i-ten Fraktion
                V_i Teilchenvolumen der i-ten Fraktion

Der Berechnung der mittleren Strömungsgeschwindigkeit nach Gl. (I,19) ist der mittlere Hohlraumanteil des gesamten Haufwerks zugrunde zu legen.

Mit der spez. Oberfläche o (m^2/m^3) einer Schüttung kann das Verhältnis D^*/L' nach der Beziehung

$$D^*/L' = \frac{4\Psi}{o\,h} = \frac{4\Psi}{o} \cdot \sqrt[3]{N} = \frac{4\Psi}{o \cdot D_K} \cdot \sqrt[3]{\frac{6}{\pi}(1-\Psi)} \qquad (III,37)$$

berechnet werden. Als Anströmlänge L' ist diejenige des Einzelkörpers einzusetzen (Kap.III,4.1.2.1). Die Werte für N, o und Ψ können für die gebräuchlichsten Füllkörper aus Tabelle 4 entnommen werden.

<u>Tabelle 4</u>: N, o, Ψ und D^*/L' für verschiedene Füllkörper

Art	Abmessung mm	N 1/m^3	o m^2/m^3	Ψ -	D^*/L' -
Intalox Sattelkörper aus Kunststoffen PVC, PP, NP, Polystyrol	12,7	800000	532	0,90	0,63
	20	260000	335	0,90	0,63
	25	90000	255	0,90	0,63
	38	26000	170	0,90	0,63
	50	8500	118	0,90	0,63
Intalox Sattelkörper aus Porzellan, Steinzeug	6,3	5000000	985	0,61	0,42
	12,7	760000	532	0,70	0,48
	20	230000	335	0,72	0,51
	25	84000	255	0,74	0,52
	38	25000	166	0,76	0,54
	50	9300	120	0,79	0,55
Interpack aus Metall	⌀10×10×0,3	2400000	588	0,89	0,81
	⌀20×25×0,4	211000	260	0,95	0,87
	⌀30×30×0,6	39000	148	0,95	0,87

4. Haufwerke

Tabelle 4ff: N, o, Ψ und D^*/L' für verschiedene Füllkörper

Art	Abmessung mm	N $1/m^3$	o m^2/m^3	Ψ —	D^*/L' —
Drahtwendeln aus Metall	⌀ 5×5×0,5	4500000	1000	0,87	0,57
	⌀10×10×1	800000	670	0,82	0,45
	⌀15×15×1,5	250000	450	0,84	0,47
Supersattel Metall	25	90000	258	0,95	0,66
Berl-Sattel aus Steinzeug, Porzellan	10	1030000	660	0,65	0,40
	15	280000	430	0,67	0,41
	25	75000	260	0,69	0,45
	35	25000	178	0,71	0,47
	50	8000	120	0,73	0,49
Kugeln in ungeordneter Schüttung	⌀ 5	9550000	750	0,37	0,42
	6,3	4770000	595	0,37	0,42
	8	2330000	469	0,37	0,42
	10	1190000	375	0,37	0,42
	12,7	583000	295	0,37	0,42
	15	354000	250	0,37	0,42
	20	149000	188	0,37	0,42
	25	76000	150	0,37	0,42
	35	28000	107	0,37	0,42
	50	9500	75	0,37	0,42

Kugeln in geordneten Schüttungen	N $= \dfrac{6}{\pi}\dfrac{1-\Psi}{D^3}$	o $= \dfrac{6(1-\Psi)}{D}$	$D^*/L' = \sqrt[3]{\dfrac{16}{9\pi}\dfrac{\Psi^3}{(1-\Psi)^2}}$
kubisch	Ψ = 0,48		D^*/L' = 0,62
rhombisch □ } rhombisch △	0,41		0,48
oktaedrisch } tetraedrisch	0,27		0,28
ungeordnet	0,37		0,42

Für Raschigringe und ähnliche Füllkörper, deren innere Oberfläche nicht in gleicher Weise am Austausch teilnimmt, gelten diese Beziehungen nicht [9].

42   III. Grundlagen der einheitlichen Darstellung

Bei Mehrkornschüttungen muss ein Mittelwert gebildet werden. Näherungsweise gilt

$$L' = \Sigma \frac{N_i}{N} \cdot L'_i \tag{III,38}$$

mit N_i/N Teilchenzahl der i-ten Fraktion
L'_i Anströmlänge der i-ten Fraktion

4.2.2 <u>Übergangsverhalten</u>

Im laminaren Bereich stellen die Beziehungen für den thermischen und hydrodynamischen Anlauf weiterhin den einzig gültigen Bezug dar. Wie bei geordneten Haufwerken schlägt die Strömung jedoch früh um; die Messpunkte heben bereits bei relativ kleinen Strömungsgeschwindigkeiten von der Grenzkurve ab.

Im Übergangsbereich werden die Wärmeübergangskoeffizienten einer Mittelkurve zugeordnet [32, 41], deren Parameter dem Zuordnungsdiagramm Abb. 14, Kurve II, mit dem nach Gl. (III,37) berechneten D^*/L'-Verhältnis des Haufwerks entnommen werden kann (Kap.III,4.1.2.1).

Hiernach tritt bei sehr dichten Packungen (kleines D^*/L') kanalähnliches Verhalten auf, während bei mittleren D^*/L'-Werten mit grösseren Störungen und demzufolge mit einem früheren Umschlag zu rechnen ist. Mit zunehmendem Auflockerungsgrad schliesslich werden die Verhältnisse denen umströmter Einzelkörper immer ähnlicher.

Dies gilt gleichermaßen für Fest- und Wirbelbett, sofern im Fall des verwirbelten Haufwerks
1) bei der Berechnung des wirklichen D^*/L'-Verhältnisses stets der der jeweiligen Geschwindigkeit zugeordnete Hohlraumanteil - dem Auflockerungsgrad der Schüttung entsprechend - eingesetzt wird und
2) nahezu der gesamte Druckabfall in der Schüttung selbst erfolgt.

Bei Verwendung eines zusätzlichen Anströmbodens resultieren ca. 35 % höhere Wärmeübergangskoeffizienten. Aber auch hier lassen sich die Messpunkte einer Mittelkurve

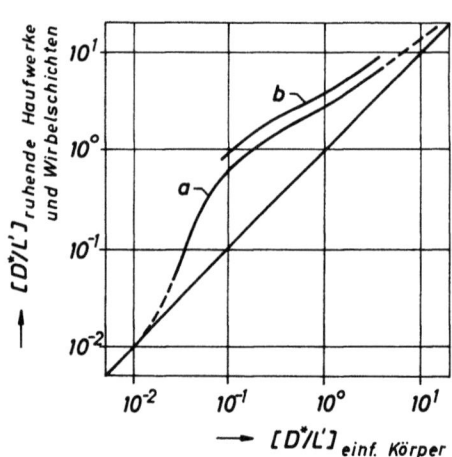

Abb. 17 Parameter-Zuordnung für Fest- und Wirbelbetten
a: Festbetten, b: Wirbelbetten

4. Haufwerke

zuordnen, die jedoch infolge der zusätzlichen Störungen einen noch kleineren Parameter aufweisen. Der in Abb. 17 eingezeichnete Kurvenast b gibt den gefundenen Zusammenhang wieder.

Wie die früheren theoretischen und experimentellen Untersuchungen (vgl.Kap.III,3.3), beleuchtet auch dieses Beispiel, in welchem Maß die Wärmeübertragung im Übergangsbereich von den jeweiligen Störungen abhängt. Die für diesen Bereich angegebenen Gesetzmässigkeiten können, wie bereits erwähnt, nur mittlere Verhältnisse erfassen. Die meisten technisch interessanten Übergangsprobleme fallen in den dargestellten Übergangsbereich (Gültigkeit der Mittelkurve entsprechend dem zugeordneten Parameter). Bei verwirbelten Haufwerken wird dieser Bereich durch die zunehmende Auflockerung (Verschiebung des Parameters D^*/L') nicht überschritten, aber auch in ruhenden Schüttungen (D^*/L' = const) dürften höhere Geschwindigkeiten infolge des grossen Druckabfalls kaum realisiert werden. Es ist jedoch anzunehmen - systematische Untersuchungen fehlen -, dass der Wärmeübergangskoeffizient auch in seinem weiteren Verlauf mit demjenigen eines geordneten Haufwerks (Kap.III,4.1.2.1) übereinstimmt.

4.2.3 Wärmeübergangskoeffizient des gesamten Haufwerks

Eine Unterteilung des Haufwerks in eine erste Schicht und n-1 innere Schichten (Kap.III,4.1.2.2) ist infolge einer grossen Anzahl von Schichten und der Anströmung über einen tragenden Boden nicht erforderlich. Die unter Umständen etwas kleineren Übergangskoeffizienten der ersten Hälfte der ersten und der letzten Hälfte der letzten Schicht beeinflussen den über n-Schichten gemittelten Wert nur unmaßgeblich.

Für den auf die Temperaturdifferenz am Eintritt in das gesamte Haufwerk ($\vartheta_0-\vartheta_e$) bezogenen Wärmeübergangskoeffizienten folgt mit dem aus den Arbeitsdiagrammen resultierenden Wärmeübergangskoeffizienten für eine beliebige innere Schicht Nu_{D^*e}

$$Nu_{D^*eges} = \frac{1}{n} \, 0{,}25 \, Pe_{D^*} \, D^*/L' \left\{ 1 - \left[1 - \frac{Nu_{D^*e}}{0{,}25 \, Pe_{D^*} \, D^*/L'} \right]^n \right\} \qquad (III,39)$$

und damit

$$\dot{Q}_{ges} = A_{ges} \, \alpha_{eges} \, (\vartheta_0-\vartheta_e) \qquad (III,40)$$

Die Anzahl der Schichten ist dabei nach Gl. (III,33) zu bestimmen. Für die Umrechnung α_e zu α_{eges} nach Gl. (III,39) kann Abb. 18 verwendet werden.

Der auf diese Weise im Haufwerk berechnete Wärmestrom ist identisch mit

$$\dot{Q}_{ges} = A_{ges} \, \alpha_e \, (\vartheta_{an}-\vartheta_e)/\ln \frac{\vartheta_0-\vartheta_e}{\vartheta_0-\vartheta_{an}} \qquad (III,41)$$

Die Austrittstemperatur aus dem Haufwerk ϑ_{an} kann dabei in bekannter Weise mit Nu_{D^*eges} bestimmt werden:

$$\theta_n = \frac{\vartheta_{an}-\vartheta_e}{\vartheta_0-\vartheta_e} = \frac{n \cdot Nu_{D}^{*}{}_{eges}}{0{,}25 \; Pe_D^* \; D^*/L'}$$

$$= 1 - (1-\theta)^n \qquad\qquad (III,42)$$

wobei θ den Austauschparameter für eine beliebige Schicht bezeichnet.

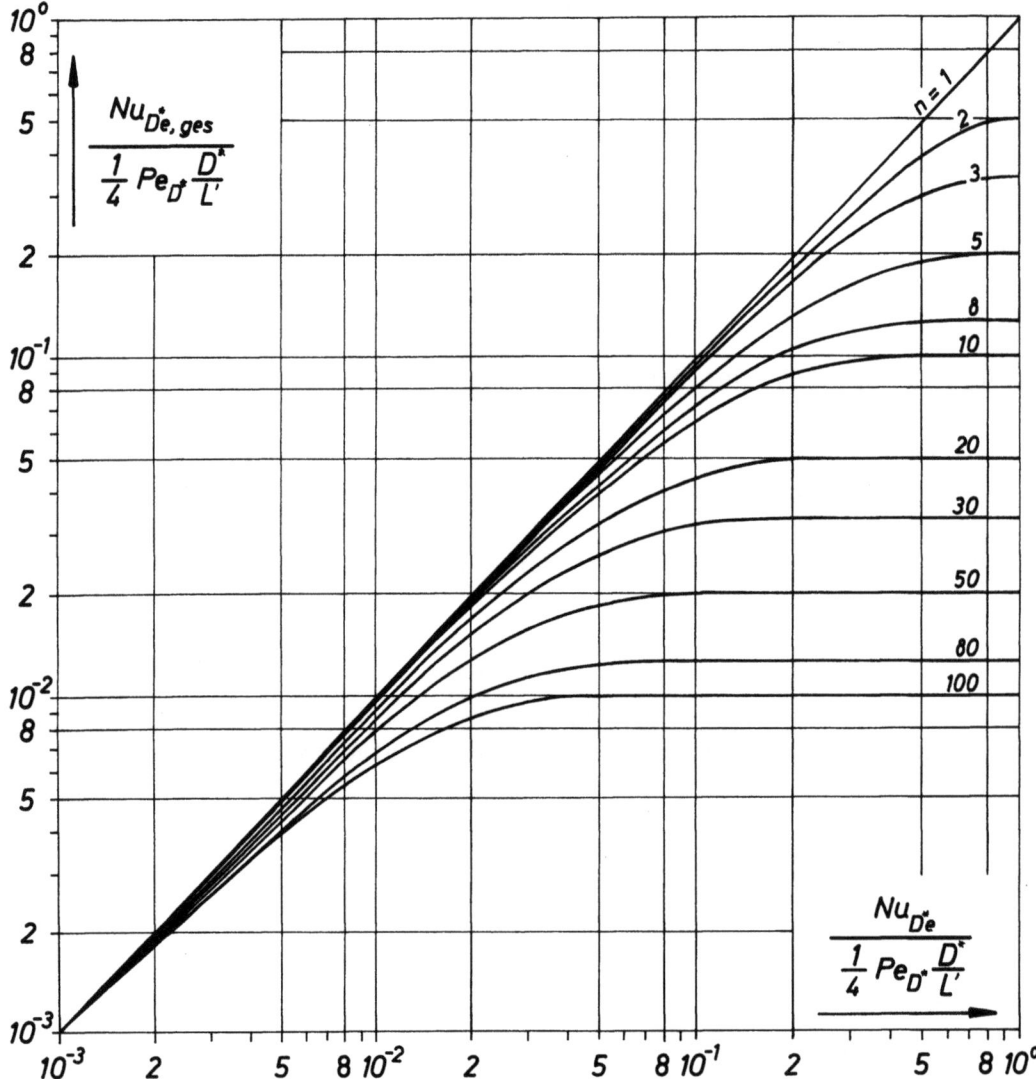

Abb. 18 Zur Darstellung des gesamten Wärmeübergangskoeffizienten in Haufwerken als Funktion der Schichtenzahl

5. Die Arbeitsdiagramme

Die in den vorstehenden Abschnitten beschriebenen Zusammenhänge sind in den Arbeitsdiagrammen (in der Einstecktasche) Nr. 1 bis 8 dargestellt. Die Diagramme gelten für die konstanten Werte der Pr- bzw. Sc-Zahlen 0,72; 1; 3; 10; 30; 100; 300; 500.

5. Die Arbeitsdiagramme

Eine Interpolation der Diagramme bei zwischenliegenden Pr- bzw. Sc-Zahlen ist logarithmisch möglich:

Wird Nu bei einer Pr-Zahl zwischen Pr_1 und Pr_2 gesucht und sind Nu_1 und Nu_2 die zugehörigen Nu-Werte, so gilt

$$\frac{Nu}{Nu_1} = \left(\frac{Nu_2}{Nu_1}\right)^{\frac{\ln(Pr/Pr_1)}{\ln(Pr_2/Pr_1)}} \tag{III,43}$$

Wegen der relativ engen Staffelung der Pr-Zahlen in den Diagrammen und wegen des näherungsweisen Zusammenhangs

$$Nu = c \left(Pe \cdot \frac{D}{L}\right)^m \cdot Pr^n \cdot f\left(\frac{D}{L}\right)$$

ist eine einfache Umrechnung auf andere Pr-Werte nach

$$Nu = Nu_1 \cdot \left(\frac{Pr}{Pr_1}\right)^n \tag{III,44}$$

mit $n = -1/6$ im laminaren Bereich des hydrodynamischen Anlaufs und $n = -1/3$ im turbulenten Bereich möglich. Die Kenngrösse Pe·D/L ist dabei mit dem Wert von Pr der Aufgabe zu bilden.

Bei hydrodynamisch ausgebildeter laminarer Strömung und beim thermischen Ausgleich wird $n = 0$, d.h. es kann in einem beliebigen Diagramm abgelesen werden.

Zur Erleichterung des Arbeitens sind ferner die Abb. 8 und 14, aus denen des öfteren Zahlenwerte entnommen werden müssen, ausser im Text noch einmal als Arbeitsdiagramme (Nr. 9 und 10) aufgenommen.

IV Zahlenbeispiele

Aufgabe 1: Querangeströmtes Rohr im sehr weiten Kanal

Ein Rohr mit dem Aussendurchmesser D = 25 mm ist in einem sehr weiten Kanal angeordnet und wird von Wasser mit der Geschwindigkeit w_o = 1,21 m/s quer angeströmt. Die Oberflächentemperatur des Rohres betrage ϑ_0 = 83,4 °C, die Flüssigkeitstemperatur sei ϑ_M = 34 °C. Wie gross sind die Wärmeübergangskoeffizienten α_e und $\bar{\alpha}$?

Lösung

Geschwindigkeit $w_m = w_o$ = 1,21 m/s; Anströmlänge $L' = \frac{\pi}{2} \cdot D$ = 0,0393 m
Bezugstemperatur für die Stoffwerte nach Gl. (I,24):

$$\vartheta_m = \vartheta_M - (\vartheta_M - \vartheta_0) \cdot \frac{0,1 \, Pr + 40}{Pr + 72}$$

mit ϑ_M = 34 °C, Pr (ϑ_M) = 5,0

$$\vartheta_m = 34 - (34 - 83,4) \cdot \frac{40,5}{77} = 60 \; °C$$

Stoffwerte von Wasser bei ϑ_m:

$$\nu = 0,475 \cdot 10^{-6} \; m^2/s; \quad \lambda = 0,652 \; W/mK; \quad a = 0,158 \cdot 10^{-6} \; m^2/s$$

Kenngrössen:

$$Pr = \frac{\nu}{a} = 3,0; \quad Re_{L'} = \frac{w_m \cdot L'}{\nu} = 10^5$$

Aus Abb. 8 bei Pr = 3:

$$Nu_{L'} = 640$$

Ergebnis

$$\alpha = \alpha_e = \bar{\alpha} = Nu_{L'} \cdot \frac{\lambda}{L'} = 10600 \; W/m^2K$$

<u>oder</u> (bei diesem Beispiel zu umständlich, da einfacher umströmter Körper im unendlich ausgedehnten Medium gegeben ist)
für beliebiges $D^*/L' > 1$ z.B. D^*/L' = 1

$Pe_D^* \cdot D^*/L' = 10^5 \cdot 3 \cdot 1 = 3 \cdot 10^5$ auf der "Mittelkurve"

$Nu_D^* = Nu_{L'} \cdot D^*/L' = 640$

$\underline{Nu_{L'} = 640}$ wie oben

Ein Unterschied der verschieden definierten Wärmeübergangskoeffizienten tritt nicht auf, da bei einzeln überströmten Körpern die Mediumstemperatur sich praktisch nicht ändert.

Aufgabe 2: Querangeströmtes Rohr im engen Kanal

Ein Rohr in einem Kanal der Breite b = 50 mm mit dem Aussendurchmesser D = 25 mm wird von Wasser mit der Geschwindigkeit w_o = 2,55 m/s im freien Kanalquerschnitt quer angeströmt. Die Oberflächentemperatur des Rohres betrage ϑ_o = 78,6 °C, die Flüssigkeitstemperatur sei ϑ_M = 60 °C. Wie gross sind die Wärmeübergangskoeffizienten α_e und $\bar{\alpha}$?

<u>Lösung</u>

Hohlraumanteil $\Psi = 1 - \frac{\pi}{4}\frac{D}{b} = 0{,}607$; mittlere Geschwindigkeit $w_m = \frac{w_o}{\Psi} = 4{,}2$ m/s
Anströmlänge $L' = \frac{\pi}{2}D = 0{,}0393$ m

$$Pr(\vartheta_M) = 3{,}0$$

$$\vartheta_m = 60 - (60 - 78{,}6)\frac{0{,}3 + 40}{3 + 72} = 70\ °C$$

Stoffwerte von Wasser bei ϑ_m:

$$\nu = 0{,}413 \cdot 10^{-6}\ m^2/s;\ \lambda = 0{,}661\ W/mK;\ a = 0{,}161 \cdot 10^{-6}\ m^2/s$$

Kenngrössen:

$$Pr = \frac{\nu}{a} = 2{,}56;\ Re_{L'} = \frac{w_m \cdot L'}{\nu} = 4 \cdot 10^5$$

Aus Abb. 8 bei Pr = 2,56 durch Interpolation:

$$Nu_{L'} = 1800$$

<u>Ergebnis</u>

$$\alpha = \alpha_e = \bar{\alpha} = Nu_{L'} \cdot \frac{\lambda}{L'} = 30300\ W/m^2K$$

Da bei diesem Beispiel aber bereits der Kanal die Grenzschicht am Rohr beeinflussen könnte, soll auch der Wärmeübergang bei kanalartigem Verhalten berechnet werden.

Nach Gl. (I,21): $D^*/L' = \dfrac{4 F_o \Psi}{A}$

$$\text{mit } F_o = b \cdot 1; \quad A = \pi D \cdot 1; \quad \Psi = 1 - \dfrac{\pi}{4} \dfrac{D}{b}$$

$$D^*/L' = \dfrac{4}{\pi} \dfrac{b}{D} \Psi = \dfrac{4}{\pi} \dfrac{b}{D} - 1 = \dfrac{4}{\pi} \dfrac{50}{25} - 1 = 1{,}55$$

$$Pe_{D^*} \; D^*/L' = Re_{L'} \cdot Pr \cdot (D^*/L')^2 = 4 \cdot 10^5 \cdot 1{,}55^2 \cdot 2{,}56 = 2{,}46 \cdot 10^6$$

Aus dem Arbeitsdiagramm für Pr = 3:

$$Nu_{D^*} = 2650$$

$$Nu_{L'} = 1700$$

Umrechnung auf Pr = 2,56 nach Kap.III,5 mit n = -0,33, da die Grenzschicht turbulent ist:

$$Nu_{L'} = Nu_{L'(Pr=3)} \cdot \left(\dfrac{2{,}56}{3{,}00}\right)^{-0{,}33} = 1800 \text{ (wie oben)}$$

Die Lage des Punktes in dem Arbeitsdiagramm macht deutlich, dass hier die Beziehungen für den umströmten Körper und das durchströmte Rohr noch zusammenfallen, eine Beeinflussung durch die Kanalwandung also noch nicht zu berücksichtigen ist. Damit wäre erst bei kleineren Werten von $Pe_{D^*} \; D^*/L'$, d.h. bei kleinerem Verhältnis D^*/L' oder grösserer Länge L' des entsprechenden Kanals zu rechnen.

Aufgabe 3: Durchströmtes langes Rohr

Ein von aussen beheiztes Rohr - Länge L = 2 m, Durchmesser D = 20 mm - wird von Wasser mit der Geschwindigkeit w_m = 7,7 m/s durchströmt. Die Innenwandtemperatur sei ϑ_0 = 75 °C, die Eintrittstemperatur des Wassers in das Rohr ist ϑ_e = 40 °C. Wie gross sind die Wärmeübergangskoeffizienten α_e und $\bar{\alpha}$ und die Austrittstemperatur des Mediums ϑ_M?

Lösung

Länge L' = L = 2,0 m; Durchmesser D^* = D = 0,02 m; D^*/L' = 0,01
Bezugstemperatur für die Stoffwerte:
Mittlere Temperatur des Mediums (ϑ_a geschätzt):

$$\vartheta_M = 0{,}5 \, (\vartheta_e + \vartheta_a) \approx 0{,}5 \, (40 + 50) = 45 \, °C$$

$$Pr \, (\vartheta_M) = 3{,}9$$

Nach Gl. (I,24):

$$\vartheta_m = 45 - (45 - 75) \dfrac{0{,}39 + 40}{3{,}9 + 72} = 61 \, °C$$

Aufgabe 3: Durchströmtes langes Rohr   49

Stoffwerte für Wasser bei ϑ_m:

$$\nu = 0{,}462 \cdot 10^{-6}\ m^2/s;\ \lambda = 0{,}655\ W/mK;\ a = 0{,}159 \cdot 10^{-6}\ m^2/s$$

Kenngrössen:

$$Pr = \frac{\nu}{a} = 2{,}9;\ Pe_D^* \cdot D^*/L' = \frac{w \cdot D^*}{\nu} \cdot Pr \cdot D^*/L' = 3{,}33 \cdot 10^5 \cdot 2{,}9 \cdot 0{,}01 = 9670$$

Aus dem Arbeitsdiagramm für Pr = 3:

$$Nu_{D\ e}^* = 895$$

Mit Hilfe des Maßstabs oder nach Gl. (III,3) und (III,4) bestimmt man

die Verhältnisse $\theta = \frac{\vartheta_a - \vartheta_e}{\vartheta_0 - \vartheta_a} = 0{,}368$

und $\dfrac{\overline{Nu}_D^*}{Nu_{D\ e}^*} = 1{,}24$

und damit $\overline{Nu}_D^* = 1{,}24 \cdot Nu_{D\ e}^* = 1110$

Umrechnung auf Pr = 2,9 nach Gl. (III,44) mit n = -0,33 (turbulente Strömung)

$$Nu_{D\ e}^* = Nu_{D\ e(Pr=3)}^* \cdot \left(\frac{2{,}9}{3{,}0}\right)^{-0{,}33} = 905$$

$$\overline{Nu}_D^* = 1120$$

Ergebnis

Wärmeübergangskoeffizient $\alpha_e = Nu_{D\ e}^* \cdot \frac{\lambda}{D} = 29700\ W/m^2K$

$$\overline{\alpha} = \overline{Nu}_D^* \cdot \frac{\lambda}{D} = 36700\ W/m^2K$$

Austrittstemperatur des Mediums:

$$\vartheta_a = \vartheta_e + \theta\ (\vartheta_0 - \vartheta_e) = 52{,}9\ ^\circ C$$

Diese Austrittstemperatur stimmt hinreichend genau mit dem geschätzten Wert für die mittlere Temperatur des Mediums überein.

Bei diesem langen Rohr hätte der Wärmeübergangskoeffizient $\overline{\alpha}$ rechnungsmässig einfacher direkt aus der Gleichung, z.B. Gl. (III,19), für das turbulent durchströmte Rohr ermittelt werden können. Eine weitere Rechnung wäre aber bei dieser Gleichung erforderlich geworden, um die Austrittstemperatur ϑ_a zu bestimmen, die in die bei $\overline{\alpha}$ benötigte logarithmisch gemittelte Temperaturdifferenz $\overline{\Delta\vartheta}$ eingeht. Bei noch längeren Rohren D/L < 0,01 ist jedoch wegen der schlechten Interpolationsmöglichkeit der andere Rechnungsgang zu empfehlen.

Aufgabe 4: Durchströmtes kurzes Rohr

Ein von aussen beheiztes Rohr - Länge L = 0,20 m, Durchmesser D = 20 mm - wird von Wasser mit der Geschwindigkeit w_m = 0,45 m/s durchflossen. Die Wandtemperatur sei ϑ_0 = 5 °C, die Eintrittstemperatur des Wassers in das Rohr ϑ_e = 30 °C. Wie gross sind die Wärmeübergangskoeffizienten α_e, $\bar{\alpha}$ und die Austrittstemperatur ϑ_a

a) bei beruhigter Strömung mit gut abgerundetem Rohreinlauf,
b) bei stark gestörtem Einlauf, z.B. mit vorgeschalteter Blende,
c) bei mittleren Störungsgraden?

Lösung

Anströmlänge L' = L = 0,2 m; Durchmesser D^* = D = 0,02 m; D^*/L' = 0,1
Mittlere Mediumstemperatur (ϑ_a geschätzt):

$$\vartheta_M = 0,5\ (\vartheta_e + \vartheta_a) \approx 0,5\ (30 + 28) = 29\ °C$$

$$Pr\ (\vartheta_M) = 5,5$$

Stoffwerttemperatur nach Gl. (I,24):

$$\vartheta_m = 16,5\ °C$$

Stoffwerte für Wasser bei ϑ_m:

$$\nu = 1,11 \cdot 10^{-6}\ m^2/s;\ \lambda = 0,59\ W/mK;\ a = 0,142 \cdot 10^{-6}\ m^2/s$$

Kenngrössen:

$$Pr = 7,8;\ Pe_D^* \cdot D^*/L' = Re_D^* \cdot Pr \cdot D^*/L' = 8000 \cdot 7,8 \cdot 0,1 = 6200$$

a) bei beruhigtem Einlauf $Re_{x\ kr} = 10^5$:

$Nu_{D\ e}^*$ = 38 bei Pr = 10

$\dfrac{\overline{Nu_D^*}}{Nu_{D\ e}^*}$ = 1,01   mit Hilfe des Maßstabs oder Gl. (III,3) und (III,4)

$\theta = 0,023$

Umrechnung auf Pr = 7,8
nach Gl. (III,44) mit n = -0,33 (turbulent): $\left(\dfrac{7,8}{10}\right)^{-0,33} = 1,086$

$Nu_{D\ e}^* = 41$

$\overline{Nu_D^*} = 41,4$

Aufgabe 4: Durchströmtes kurzes Rohr

b) bei stark gestörtem Einlauf $Re_{x\,kr} = 3 \cdot 10^4$

$Nu_D{*}_e = 66$ bei $Pr = 10$

$\dfrac{\overline{Nu_D{*}}}{Nu_D{*}_e} = 1,02$ mit Hilfe des Maßstabs oder Gl. (III,3) und (III,4)

$\theta = 0,040$

Umrechnung auf $Pr = 7,8$

$Nu_D{*}_e = 72$

$\overline{Nu_D{*}} = 73,5$

c) bei mittleren Störungsgraden; diese werden im Mittel durch die Beziehung von Hausen erfasst:

$Nu_D{*}_e = 64$

$\dfrac{\overline{Nu_D{*}}}{Nu_D{*}_e} = 1,02$ mit Hilfe des Maßstabs oder Gl. (III,3) und Gl. (III,4)

$\theta = 0,039$

Umrechnung auf $Pr = 7,8$

$Nu_D{*}_e = 70$

$\overline{Nu_D{*}} = 71,5$

Ergebnis

a) $\alpha_e = Nu_D{*}_e \cdot \dfrac{\lambda}{D} = 1150 \ W/m^2K$

$\overline{\alpha} = \overline{Nu_D{*}} \cdot \dfrac{\lambda}{D} = 1160 \ W/m^2K$

$\vartheta_a = \vartheta_e + \theta (\vartheta_0 - \vartheta_e) = 29,4 \ °C$

b) $\alpha_e = Nu_D{*}_e \cdot \dfrac{\lambda}{D} = 2020 \ W/m^2K$

$\overline{\alpha} = \overline{Nu_D{*}} \cdot \dfrac{\lambda}{D} = 2050 \ W/m^2K$

$\vartheta_a = \vartheta_e + \theta (\vartheta_0 - \vartheta_e) = 29,0 \ °C$

c) $\alpha_e = Nu_D{*}_e \cdot \dfrac{\lambda}{D} = 1960 \ W/m^2K$

$\overline{\alpha} = \overline{Nu_D{*}} \cdot \dfrac{\lambda}{D} = 2000 \ W/m^2K$

$\vartheta_a = \vartheta_e + \theta (\vartheta_0 - \vartheta_e) = 29,0 \ °C$

Dieses Beispiel zeigt, wie stark die Ausbildung des Rohreinlaufs den Wärmeübergang beeinflussen und welche Unsicherheit in den Berechnungen liegen kann. Bei Rohren, die in den Rohrboden eines Wärmeaustauschers eingeschweisst sind, wird man mit mittleren Störungsgraden (c) rechnen können.

IV. Zahlenbeispiele

Aufgabe 5: Rohrbündel

Ein Rohrbündel - 6 Rohrreihen in versetzter Anordnung, Rohrdurchmesser 25 mm, Längs- und Querteilung 37,5 mm - wird von Wasser mit einer Geschwindigkeit im freien Querschnitt von w_o = 0,67 (0,06 m/s; 0,006 m/s) m/s durchströmt. Die Eintrittstemperatur des Wassers sei 20 °C, die Temperatur der Rohroberfläche 45 °C. Welche Wärmemengen werden je m^2 Rohrfläche in den einzelnen Rohrreihen übertragen?

<u>Lösung</u>

Anströmgeschwindigkeit w_o = 0,67 m/s
Hohlraumanteil $\Psi = 1 - \frac{\pi}{4a} = 0,476$, mit $a = s_q/d = 1,5$ und $b = 1,5 > 1$
mittlere Geschwindigkeit $w_m = w_o/\Psi = 1,41$; Anströmlänge $L' = \frac{\pi}{2} D = 0,0393$ m
gleichwertiger Durchmesser $D^* = \frac{4a}{\pi}(1 - \frac{\pi}{4a}) L' = 0,0357$ m; $D^*/L' = 0,91$
mittlere Temperatur des Mediums (ϑ_a geschätzt):

$$\vartheta_M = 0,5 (\vartheta_e + \vartheta_a) = 21 \text{ °C}; \quad Pr(\vartheta_M) = 6,85$$

Stoffwerttemperatur:

$$\vartheta_m = \vartheta_M - (\vartheta_M - \vartheta_O)\frac{0,1 \, Pr + 40}{Pr + 72} = 33,4 \text{ °C}$$

Stoffwerte von Wasser bei ϑ_m:

$$\lambda = 0,619 \text{ W/mK}; \quad \nu = 0,752 \cdot 10^{-6} \text{ m}^2/\text{s}; \quad a = 0,149 \cdot 10^{-6} \text{ m}^2/\text{s}$$

Kenngrössen

$$Pr = 5,06$$

$$Pe_D^* \cdot D^*/L' = Re_{L'} \cdot (D^*/L')^2 \cdot Pr = 73500 \cdot (0,91)^2 \cdot 5,06 = 308000$$

a) Wärmeübergang in der 1. Reihe (ersatzweise für die erste und letzte halbe Rohrreihe) nach den Gesetzen für einlagige Anordnung oder einzeln umströmte Körper:

bei $D^*/L' = 0,91$
aus dem Arbeitsdiagramm für $Pr = 3$: $Nu_{D^*e} = 700$

umgerechnet auf $Pr = 5,06$: $Nu_{D^*e} = 700 \cdot (\frac{3}{5,06})^{1/3} = 590$

oder aus Arbeitsdiagramm Nr. 9 (Abb. 8): $Nu_{L'} = f(Re_{L'}, Pr) = 650$

$$\alpha_{e1} = Nu_{D^*e} \cdot \lambda/D^* = 10200 \text{ W/m}^2\text{K}$$

(oder $\alpha_{e1} = Nu_{L'} \cdot \lambda/L' = 10200$ W/m^{2}K)

Austauschparameter: $\theta_1 = Nu_{D^*e}/(0,25 \, Pe_D^* \, D^*/L') = 0,00766$
Austrittstemperatur: $\vartheta_{a1} = \vartheta_{e2} = \theta_1(\vartheta_O - \vartheta_e) + \vartheta_e = 20,2$ °C

Aufgabe 5: Rohrbündel

b) Wärmeübergang an den inneren Rohrreihen:
Man erkennt aus dem Arbeitsdiagramm, dass bei $Pe_D^* \cdot D^*/L' = 308000$, $a = 1,5$ der Wärmeübergang nach den Überlegungen für den IV. Übergangsbereich zu bestimmen ist.

Korrigiertes Verhältnis $D^*/L' = 0,54$ nach Abb. 14
bei $Pr = 3$: $Nu_{D^*e} = 980$
Umrechnung auf $Pr = 5,06$: $Nu_{D^*e} = 980 \cdot (\frac{3}{5,06})^{1/3} = 825$
Gesamt-Wärmeübergangskoeffizient für die inneren Rohrreihen nach Gl. (III,28) mit $n-1 = 5$:

$$Nu_{D^*e\ ges} = \frac{1}{5} \cdot \frac{1}{4} \cdot 308000 \cdot 1 - (1 - \frac{4 \cdot 825}{308000})^5 = 810$$

$$\alpha_{e\ ges} = 14000\ W/m^2K$$

c) Übertragene Wärmemengen

1. Rohrreihe: $Q_1/A_1 = \alpha_{e1} (\vartheta_0 - \vartheta_e)$
$= 10200 \cdot (45 - 20) = 300000\ W/m^2$

Innere Rohrreihen: $Q_{2-n}/((n-1) \cdot A) = \alpha_{e\ ges} \cdot (\vartheta_0 - \vartheta_{e2})$
$= 12000 \cdot (45 - 20,2) = 350000\ W/m^2$

Austauschparameter:

$$\theta_{n-1} = \frac{\vartheta_{an} - \vartheta_{e2}}{\vartheta_0 - \vartheta_{e2}} = \frac{(n-1)\ Nu_{D^*e\ ges}}{0,25\ Pe_D^* \cdot D^*/L'} = 0,0525$$

Austrittstemperatur aus dem Rohrbündel: $\vartheta_{an} = 21,5\ °C$

Anströmgeschwindigkeit $w_0 = 0,06\ m/s$
mittlere Geschwindigkeit $w_m = w_0/\Psi = 0,126\ m/s$
Kenngrössen:
$Pe_D^* \cdot D^*/L' = Re_{L'} \cdot (D^*/L')^2 \cdot Pr = 6600 \cdot 0,91^2 \cdot 5,06 = 27600$

a) Wärmeübergang in der 1. Reihe
aus Arbeitsdiagramm Nr. 9 (Abb. 8): $Nu_{L'} = f(Re_{L'}, Pr) = 110$

$\alpha_{e1} = Nu_{L'} \cdot \lambda/L' = 110 \cdot \frac{0,532}{0,0357} = 1900\ W/m^2K$

$\theta = Nu_{L'} \cdot \frac{D^*}{L'}/(\frac{1}{4} Pe_D^* \cdot \frac{D^*}{L'}) = 110 \cdot 0,91/(\frac{1}{4} \cdot 27600) = 0,0145$

$\vartheta_{a1} = \vartheta_{e2} = 20,4\ °C$

b) Wärmeübergang an den inneren Rohrreihen:
Man erkennt aus dem Arbeitsdiagramm, dass bei $Pe_D^* \cdot D^*/L' = 27600$ und $a = 1,5$ der Wärmeübergang für den III. Übergangsbereich zu bestimmen ist.

Bei $Pr = 3$ auf der Übergangslinie für $a = 1,5$: $Nu_{D^*e} = 185$
Umrechnung auf $Pr = 5,06$: $Nu_{D^*e} = 155$

IV. Zahlenbeispiele

Gesamt-Wärmeübergangskoeffizient für die inneren Rohrreihen nach Gl. (III,28):

$$Nu_{D^*e\ ges} = 148$$

$$\alpha_{e\ ges} = 2600\ W/m^2K$$

c) Übertragene Wärmemengen

1. Rohrreihe: $Q_1/A_1 = \alpha_{e1} \cdot (\vartheta_0 - \vartheta_e) = 48000\ W/m^2$

Innere Rohrreihen: $Q_{2-n}/(n-1) \cdot A = \alpha_{e\ ges} (\vartheta_0 - \vartheta_{e2}) = 66000\ W/m^2$

$$\theta_{n-1} = 0,107$$

$$\vartheta_{an} = 23,0\ °C$$

Anströmgeschwindigkeit $w_0 = 0,006\ m/s$
mittlere Geschwindigkeit $w_m = w_0/\Psi = 0,0126\ m/s$
Kenngrössen

$$Pe_D^* \ D^*/L' = Re_{L'} \cdot (D^*/L')^2 \cdot Pr = 660 \cdot 0,91^2 \cdot 5,06 = 2760$$

a) Wärmeübergang in der 1. Reihe
aus Arbeitsdiagramm Nr. 9 (Abb. 8): $Nu_{L'} = f(Re_{L'}, Pr) = 28$

$$\alpha_{e1} = Nu_{L'} \cdot \lambda/L' = 485\ W/m^2K$$

$$\theta = 0,0369$$

$$\vartheta_{a1} = \vartheta_{e2} = 20,9\ °C$$

b) Wärmeübergang an den inneren Rohrreihen:
Bei diesem Pe D^*/L'-Wert liegt das Strömungsverhalten im II. Übergangsbereich.

Korrigiertes Verhältnis $D^*/L' = 0,16$ nach Abb. 14
bei Pr = 3: $Nu_{D^*e} = 49$
Umrechnung auf Pr = 5,06: $Nu_{D^*e} = 41$
Gesamt-Wärmeübergangskoeffizient für die inneren Rohrreihen nach Gl. (III,28):

$$Nu_{D^*e\ ges} = 36$$

$$\alpha_{e\ ges} = 630\ W/m^2K$$

c) Übertragene Wärmemengen

1. Rohrreihe: $Q_1/A_1 = \alpha_{e1} \cdot (\vartheta_0 - \vartheta_e) = 12200\ W/m^2$

Innere Rohrreihen: $Q_{2-n}/(n-1) \cdot A = \alpha_{e\ ges} \cdot (\vartheta_0 - \vartheta_{e2}) = 15000\ W/m^2$

$$\theta_{n-1} = 0,261$$

$$\vartheta_{an} = 27,2\ °C$$

Nur im Übergangsbereich II hat die Anordnung des Rohrbündels - versetzt oder fluchtend - einen wesentlichen Einfluss auf den Wärmeübergang. Zur Erläuterung des Rechnungsganges sollen daher hier auch die Zahlenwerte für die <u>fluchtende Anordnung</u> bestimmt werden.

a) Wärmeübergang in der 1. Reihe
   wie bei versetzter Anordnung:

$$\alpha_e = 420 \text{ kcal/m}^2\text{hK} = 510 \text{ W/m}^2\text{K}$$

$$\vartheta_{a1} = \vartheta_{e2} = 20,9 \text{ °C}$$

b) Wärmeübergang an den inneren Rohrreihen bei fluchtender Anordnung der Rohre:

Bei Pr = 3 auf der Kurve für den hydrodynamischen und thermischen Anlauf:
$Nu_D^*{}_e = 32$
Umrechnung auf Pr = 5,06: $Nu_D^*{}_e = 29$
Gesamt-Wärmeübergangskoeffizient für die inneren Rohrreihen nach Gl. (III,28):

$$Nu_D^*{}_{e\ ges} = 26$$

$$\alpha_{e\ ges} = 460 \text{ W/m}^2\text{K}$$

c) Übertragene Wärmemengen
   1. Rohrreihe (s.o.): $Q_1/A_1 = 12200 \text{ W/m}^2$
   Innere Rohrreihen: $Q_{2-n}/(n-1)\cdot A = \alpha_{e\ ges}(\vartheta_0 - \vartheta_{e2}) = 11100 \text{ W/m}^2$

$$\theta_{n-1} = 0,188$$
$$\vartheta_{an} = 25,5 \text{ °C}$$

Diese Aufgabe verdeutlicht, dass der Wärmeübergang in Rohrbündeln nicht durch ein einfaches Potenzgesetz wiedergegeben werden kann, sondern dass für die einzelnen Bereiche unterschiedliche Gesetze gelten.

(Die mittlere Temperatur für die Stoffwerte hätte bei jeder der Teilaufgaben kontrolliert und korrigiert werden müssen; da die Abweichungen aber nicht sehr gross sind, wurde im Rahmen der Beispiele darauf verzichtet.)

Aufgabe 6: Ungeordnetes Haufwerk

In einem aufrechtstehenden Rohr - Innendurchmesser $D_1 = 73,5$ mm - befinden sich wasserfeuchte Tonkugeln - Durchmesser D = 6 mm, Dichte $\rho = 2070 \text{ kg/m}^3$, Höhe der ruhenden Schüttung H = 300 mm -, die mit Luft im Festbett oder Fliessbett getrocknet werden sollen.

IV. Zahlenbeispiele

Für den von der Luftgeschwindigkeit abhängigen Hohlraumanteil Ψ der Schüttung gelten folgende Werte [41]:

w_o m/s	Ψ (%)	
< 2,4	37	Festbett
3	50	
4	60	
5	68	Fliessbett
6	74	
7	80	

Die Eintrittstemperatur in die Schüttung betrage $\vartheta_e = 36,5$ °C, der Wasserdampfdruck der Luft $p_{De} = 0,015$ bar, der Gesamtdruck $P = 1$ bar. Die Oberflächentemperatur der Kugeln ist gleich der Kühlgrenztemperatur $\vartheta_O = 21$ °C; der Dampfdruck bei dieser Temperatur $p_{DO} = 0,024$ bar.

Wie gross sind die Wärme- und Stoffübergangskoeffizienten sowie die im 1. Trocknungsabschnitt (feuchte Oberfläche) übertragenen Wärme- und Stoffströme, wenn im freien Querschnitt eine Luftgeschwindigkeit

    a) $w_o = 2,1$ m/s
    b) $w_o = 4,33$ m/s

herrscht?

Lösung

a) <u>Festbett</u>, $w_o = 2,1$ m/s

Hohlraumanteil im Festbett $\Psi = 0,37$
mittlere Geschwindigkeit $w_m = w_o/\Psi = 5,68$ m/s
Anströmlänge $L' = D_K = 0,006$ m
Zahl der Kugeln je m^3 nach Gl. (III,32): $N = 5570000$ 1/m^3
Anzahl der Schichten bei der Schütthöhe $H = 0,30$ m nach Gl. (III,33):

$$n = \sqrt[3]{N} \cdot H = 53$$

$D^*/L' = 0,42$ nach Gl. (III,37) oder Tabelle 4

$D^* = (D^*/L') \cdot L' = 0,0025$ m

Bezugstemperatur für die Stoffwerte:
mittlere Temperatur des Mediums (ϑ_a geschätzt)

$$\vartheta_M = 0,5 \, (\vartheta_e + \vartheta_a) = 0,5 \, (36,5 + 23,5) = 30 \text{ °C}$$

$Pr(\vartheta_M) = 0,72$

nach Gl. (I,24)

$$\vartheta_m = 30 - (30 - 21) \frac{0,072 + 40}{0,72 + 72} = 25 \text{ °C}$$

Aufgabe 6: Ungeordnetes Haufwerk   57

Stoffwerte für Luft bei ϑ_m:

$\overline{c_p}$ = 1,01 kJ/kgK; $\overline{\rho}$ = 1,14 kg/m³

ν = 15,58 · 10⁻⁶ m²/s; λ = 0,0261 W/mK

a = 22 · 10⁻⁶ m²/s; $\mathcal{D}$ = 27 · 10⁻⁶ m²/s

Kenngrössen

Pr = 0,72;   Sc = 0,58

$$Pe_{D^*} \cdot D^*/L' = \frac{w_m \cdot D^*}{\nu} \cdot Pr \cdot D^*/L' = 275$$

Aus dem Arbeitsdiagramm für Pr = 0,72 für den Übergangsbereich II folgt mit D^*/L' = 0,07 aus dem Arbeitsdiagramm Nr. 10 (Abb. 14):

Nu_{D^*e} = 21

$Nu_{D^*e \text{ ges}}$ = 1,30   nach Gl. (III,39) oder Abb. 18

$\alpha_{e \text{ ges}}$ = 13,7 W/m²K

Austauschparameter für den Austritt aus der Schüttung nach Gl. (III,42):

Θ_n = 1, d.h. $\vartheta_{an} = \vartheta_0$ = 21 °C   (thermischer Ausgleich)

Für das Verhältnis des Wärme- zum Stoffübergangskoeffizienten gilt bei äquimolarem Transport und turbulenter Grenzschicht nach Gl. (II,5):

$$\frac{\alpha}{\beta} = \overline{c_p \rho} \left(\frac{a}{\mathcal{D}}\right)^{0,56} = 1030 \text{ J/m}^3\text{K}$$

Damit folgt für den Stoffübergangskoeffizienten

$\beta = \beta_{e \text{ ges}}$ = 0,013 m/s

Bei der Trocknung liegt ein einseitiger Transport vor, so dass die Werte für α und β entsprechend Kap.II,2 zu korrigieren sind.

Die Korrekturen sind abhängig von den Grössen

für den Stoffübergang:

$$B = \frac{y_{A0} - y_{AM}}{1 - y_{A0}} = \frac{p_{D0} - p_{DM}}{P - p_{D0}}, \quad (\phi = 0)$$

$$= \frac{0,024 - 0,015}{1,000 - 0,024} = 0,00922$$

für den Wärmeübergang:

$$\gamma \cdot B = (a/D)^{-0,56} \cdot B = 1,12 \cdot 0,009 = 0,010$$

Nach Abb. 2 betragen die Korrekturen

$$\alpha^*/\alpha = 0,99 \;,\; \beta^*/\beta = 0,99$$

und sind praktisch zu vernachlässigen.

Ergebnisse

Wärmeübergangskoeffizient $\alpha^*_{e\,ges} = 13,7 \text{ W/m}^2\text{K}$
Stoffübergangskoeffizient $\beta^*_{e\,ges} = 0,013 \text{ m/s}$

Übertragene Wärmemenge $\dot{Q} = A\, \alpha^*_{e\,ges}\, (\vartheta_e - \vartheta_0)$

mit $A = o \cdot V = 630 \cdot 1270 \cdot 10^{-6} = 0,80 \text{ m}^2$:

$$\dot{Q} = 169 \text{ W}$$

Übertragene Stoffmenge $\dot{N} = A\, \beta^*_{e\,ges}\, c\, \dfrac{y_{AO} - y_{Ae}}{1 - y_{AO}}$

mit $c = \dfrac{P}{\bar{R}T} = \dfrac{1 \cdot 10^5}{8315 \cdot 295} = 0,0407 \text{ kmol/m}^3$

$\dot{N} = 3,9 \cdot 10^{-6} \text{ kmol/s}$
$(\dot{M} = 70 \cdot 10^{-6} \text{ kg/s})$

b) <u>Fliessbett</u>, $w_o = 4,33$ m/s

Hohlraumanteil im Fliessbett $\Psi_{Fl} = 0,63$
mittlere Geschwindigkeit $w_m = w_o/\Psi = 6,9$ m/s
Anströmlänge $L' = 0,006$ m
Zahl der Kugeln je m^3 nach Gl. (III,32): $N = 3300000$ 1/m^3
Anzahl der Schichten nach Gl. (III,33) mit der Höhe des Fliessbettes:

$$H_{Fl} = H \cdot \Psi_{Fl}/\Psi = 0,51$$

$$n = 76$$

$$D^*/L' = 1,0 \quad \text{nach Gl. (III,37); } D^* = 0,006 \text{ m}$$

Bezugstemperatur für die Stoffwerte und Stoffwerte für Luft wie bei Aufgabenteil a).

Kenngrössen

$$Pe_D^* \, D^*/L' = \frac{w_m \cdot D^*}{\nu} \cdot Pr \cdot D^*/L' = 1900$$

Aufgabe 6: Ungeordnetes Haufwerk 59

Aus dem Arbeitsdiagramm für Pr = 0,72 folgt für den Übergangsbereich II mit

D^*/L' = 0,18 aus Arbeitsdiagramm Nr. 10 (Abb. 14)

Nu_{D^*e} = 56

$Nu_{D^*e\ ges}$ = 6,25 nach Gl. (III,39)

$\alpha^*_{e\ ges}$ = 27,4 W/m²K

$\beta^*_{e\ ges}$ = 0,026 m/s Berechnung wie unter a)

$\dot{Q}$ = 338 W

$\dot{N}$ = 7,2 · 10^{-6} kmol/s

($\dot{M}$ = 140 · 10^{-6} kg/s)

Bei dieser Aufgabe wird im Austritt der thermische Ausgleich erreicht. Die Berechnung der übertragenen Wärme- oder Stoffmengen mit den logarithmisch gemittelten Potentialdifferenzen nach Gl. (III,41) ist in diesem Fall praktisch nicht oder nur mit grosser Ungenauigkeit möglich, da $\overline{\Delta\vartheta}$ gegen Null geht.

Stoffwerte für trockene Luft bei 1 bar

nach Landolt-Börnstein Bd. IV, Teil 4b, 1972

ϑ	ρ [1]	c_p [2]	λ [3]	$a \cdot 10^6$	$\nu \cdot 10^6$ [4]	$Pr = \nu/a$ [5]	$\mathcal{D} \cdot 10^6$ [6]
°C	kg/m³	kJ/kg K	W/m K	m²/s	m²/s	-	m²/s
-150	2,756	1,026	0,0120	4,24	3,15	0,74	
-100	1,954	1,013	0,0165	8,37	6,04	0,73	
- 50	1,514	1,006	0,0206	13,54	9,68	0,72	
0	1,2760	1,006	0,0241	18,95	13,5	0,71	22,6
20	1,1887	1,006	0,0256	21,5	15,3	0,71	25,7
40	1,1119	1,006	0,0270	24,2	17,2	0,71	29,0
60	1,0456	1,007	0,0285	27,0	19,2	0,71	32,4
80	0,9867	1,009	0,0299	30,0	21,2	0,71	36,0
100	0,9334	1,011	0,0314	33,3	23,8	0,70	39,8
120	0,8862	1,013	0,0328	36,5	25,6	0,70	43,8
140	0,8423	1,015	0,0343	40,2	27,9	0,69	47,9
160	0,8043	1,018	0,0358	43,8	30,3	0,69	52,1
180	0,7683	1,022	0,0372	47,4	32,7	0,69	56,6
200	0,7359	1,026	0,0385	51,1	35,0	0,68	61,2
250	0,6657	1,034	0,0420	61,2	41,7	0,68	73,4
300	0,6076	1,047	0,0447	71,4	48,5	0,68	86,6
350	0,5588	1,055	0,0475	82,3	55,8	0,68	100,7
400	0,5173	1,068	0,0502	93,2	63,4	0,68	116
450	0,4811	1,080	0,0528	104	71,5	0,68	132
500	0,4504	1,093	0,0555	116	79,5	0,69	149
600	0,3988	1,114	0,0607	140	96,8	0,69	185
700	0,3578	1,137	0,0660	164	115	0,70	226
800	0,3244	1,160	0,0706	188	135	0,72	269
900	0,2970	1,182	0,0750	213	155	0,73	317
1000	0,2730	1,193	0,0791	238	175	0,74	367

1) Für andere Drücke bis 60 bar kann $\rho = 1/v$ aus der Gasgleichung $P \cdot v = RT$ mit $R = 0,2871$ kJ/kg K berechnet werden, d.h. die Zahlentafelwerte sind mit P in bar zu multiplizieren.

2) Bis 3000 °C nach Naumann: $c_p = 1,00 + 0,00018 \cdot \vartheta$ kJ/kg K

3) Nach Sutherland: $\lambda = 0,00196 \dfrac{1 + 0,000194\,T}{1 + \dfrac{117}{T}} \, T$ W/m K

4) Für andere Drücke (bis 60 bar) sind diese Werte durch P (in bar) zu dividieren.

5) Mit H_2O gesättigt: bei 20 °C: Pr = 0,73
   bei 40 °C: Pr = 0,75

6) Nach Schirmer für die Diffusion von Wasserdampf in Luft:

$$\mathcal{D} = 22{,}63 \cdot \frac{1}{P} \left(\frac{T}{273}\right)^{1,81} \cdot 10^{-6} \ m^2/s$$

Stoffwerte für Wasser

(von 0 °C - 100 °C bei 1 bar, ab 100 °C bei Sattdampfdruck)
nach International Formulation Committee 1967

ϑ °C	ρ kg/m³	c_p kJ/kg K	λ W/m K	$a \cdot 10^6$ m²/s	$\nu \cdot 10^6$ m²/s	Pr = ν/a -	$\varepsilon \cdot 10^3$ 1/K
0	999,8	4,218	0,569	0,131	1,751	13,0	-0,07
10	999,7	4,192	0,587	0,138	1,304	9,28	0,088
20	998,2	4,182	0,604	0,143	1,004	6,94	0,206
30	995,65	4,178	0,618	0,148	0,801	5,39	0,303
40	992,2	4,178	0,632	0,151	0,658	4,30	0,385
50	988,0	4,181	0,643	0,155	0,553	3,56	0,457
60	983,2	4,184	0,654	0,158	0,474	2,96	0,523
70	977,8	4,190	0,662	0,161	0,413	2,53	0,585
80	971,8	4,196	0,669	0,164	0,365	2,20	0,643
90	965,3	4,205	0,676	0,166	0,326	1,94	0,698
100	958,4	4,216	0,682	0,169	0,295	1,75	0,753
120	943,1	4,245	0,685	0,171	0,249	1,45	0,860
140	926,1	4,287	0,684	0,172	0,215	1,25	0,975
160	907,4	4,342	0,682	0,173	0,189	1,09	1,098
180	886,9	4,409	0,676	0,173	0,170	0,98	1,233
200	864,7	4,497	0,665	0,171	0,158	0,92	1,392
240	813,6	4,760	0,635	0,168	0,142	0,87	1,862
280	750,7	5,309	0,580	0,164	0,133	0,91	2,70
320	667,0	6,62	0,491	0,146	0,128	1,15	4,60
374,2	326	-	0,209	0,111	0,155	-	-

Stoffwerte für Wasserdampf

ϑ °C	p [2]) bar	ρ [1]) kg/m^3	$\nu \cdot 10^4$ m^2/s	c_p [1]) kJ/kg K	$\lambda \cdot 10^4$ W/m K	$a \cdot 10^4$ m^2/s	Pr -
0	0,0061	0,00485	16,54	1,854	182	20,25	0,816
20	0,0234	0,0173	5,1	1,866	194	6,013	0,848
40	0,0737	0,0512	1,88	1,885	206	2,1361	0,880
60	0,1992	0,1302	0,80	1,915	219	0,878	0,911
80	0,4736	0,293	0,38	1,962	232	0,403	0,943
100	1	0,590	0,205	2,02	248	0,209	0,984
200	1	0,460	0,352	1,98	331	0,366	0,959
300	1	0,379	0,534	2,01	433	0,568	0,939
340	1	0,354	0,619	2,03	477	0,666	0,931
100	2						
200	2	0,926	0,174	2,00	333	0,180	0,967
300	2	0,760	0,266	2,01	434	0,284	0,937
340	2	0,710	0,308	2,03	478	0,331	0,931
100	4						
200	4	1,872	0,086	2,07	337	0,087	0,989
300	4	1,528	0,132	2,04	436	0,140	0,943
340	4	1,425	0,154	2,06	479	0,163	0,945
100	6						
200	6	2,839	0,056	2,16	341	0,056	1,00
300	6	2,304	0,088	2,07	438	0,092	0,957
340	6	2,146	0,102	2,08	481	0,108	0,944
100	8						
200	8	3,831	0,042	2,26	344	0,040	1,050
300	8	3,087	0,066	2,11	440	0,068	0,971
340	8	2,873	0,076	2,10	482	0,080	0,950
100	10						
200	10	4,850	0,033	2,43	350	0,030	1,11
300	10	3,879	0,052	2,15	442	0,053	0,981
340	10	3,605	0,061	2,12	484	0,063	0,959

1) Nach International Formulation Committee 1967
2) Bei Temperaturen unter 100 °C bei Sattdampfdruck

Literaturverzeichnis

1. Austin, A.A.; Beckmann, R.B.; Rothfus, R.R.; Kermode, R.I.: Convective Heat Transfer in Flow Normal to Banks of Tubes. Ind. Eng. Chem. Process Design and Development 4 (1965) 379-387.

2. Bender, E.: Wärmeübergang bei laminarer Rohrströmung mit temperaturabhängigen Stoffwerten unter verschiedenen Anfangs- und Randbedingungen. Diss. TH Braunschweig 1967.

3. Benke, R.: Der Wärmeübergang von Rohrelementen an Luft im Kreuzstrom bei grösseren Abstandsverhältnissen. Arch. f. Wärmewirtsch. und Dampfkesselwesen 19 (1938) 287-291.

4. Bergelin, O.P.; Davis, E.S.; Hull, H.L.: A Study of Three Tube Arrangements in Unbaffled Tubular Heat Exchangers. Trans. ASME 71 (1949) 369-374.

5. Bergelin, O.P.; Brown, G.A.; Hull, H.L.; Sullivan, F.W.: Heat Transfer and Fluid Friction During Viscous Flow Across Banks of Tubes - III. Trans. ASME 72 (1950) 881-888.

6. Bergelin, O.P.; Brown, G.A.; Doberstein, S.C.: Heat Transfer and Fluid Friction During Flow Across Banks of Tubes - IV. Trans. ASME 74 (1952) 953-960.

7. Bird, R.B.; Stewart, W.E.; Lightfoot, E.N.: Transport Phenomena. New York, London: John Wiley and Sons, 1960.

8. Börner, H.: Über den Wärme- und Stoffübergang an umspülten Einzelkörpern bei Überlagerung von freier und erzwungener Strömung. VDI-Forschungsheft 512 (1965) und Diss. TH Darmstadt 1964.

9. Brauer, H.: Stoffaustausch. Aarau u. Frankfurt/M.: Sauerländer, 1971.

10. Brauer, H.; Mühle, J.: Stoffübergang bei laminarer Grenzschichtströmung an ebenen Platten. Chem.-Ing.-Techn. 39 (1967) 326-334.

11. Bressler, R.: Die Wärmeübertragung einzelner Rohrreihen in quer angeströmten Rohrbündeln mit kleinen Versetzungsverhältnissen. Forsch.-Ing.-Wes. 24 (1958) 90-103.

12. Brown, G.M.: Heat or Mass Transfer in an Fluid in Laminar Flow in a Circular or Flat Conduit. J. AIChE 6 (1960) 179-183.

13. Chapman, D.R.; Rubesin, M.W.: Temperature and Velocity Profiles in the Compressible Laminar Boundary Layer. J. Aero Sci 16 (1949) 547-565.

14. Deissler, R.G.: Turbulent Heat Transfer and Friction in the Entrance Regions of Smooth Passages. Trans. ASME 77 (1955) 1221-1233.

15. Dwyer, O.E.; Sheehan, T.V.; Weisman, J.; Horn, F.L.; Schomer, R.T.: Cross Flow of Water through a Tube Bank at Reynolds Numbers up to a Million. Ind. and Eng. Chemistry 48 (1956) 1836-1846.

16. Eckert, E.; Lieblein, V.: Berechnung des Stoffüberganges an einer ebenen längsangeströmten Oberfläche bei grossem Teildruckgefälle. Forsch.-Ing.-Wes. 15 (1949) 33-42.

17. Elser, K.: Der Wärmeübergang im Rohreinlauf. Allg. Wärmetechn. 3 (1952) 30-37.

18. Fand, R.M.: Heat Transfer by Forced Convection from a Cylinder to Water in Cross-flow. Int. J. Heat Mass Transfer 8 (1965) 995-1010.

19. Grass, G.: Wärmeübergang an turbulent strömende Gase im Rohreinlauf. Allg. Wärmetechn. 7 (1956) 58-64.

Literaturverzeichnis

20 Graß, G.: Der Einfluss von Störungen der Strömung im Einlauf auf den Wärmeübergang bei Flüssigkeiten in Rohren und Ringspalten. Atomenergie 3 (1958) 382-388.

21 Gröber, H.; Erk, S.; Grigull, U.: Die Grundgesetze der Wärmeübertragung. 3. Aufl. Berlin, Göttingen, Heidelberg: Springer, 1963.

22 Hammeke, K.; Heinecke, E.; Scholz, F.: Wärmeübertragungs- und Druckverlustmessungen an quer angeströmten Glattrohrbündeln, insbesondere bei hohen Reynoldszahlen. Int. J. Heat Mass Transfer 10 (1967) 427-446.

23 Hartnett, J.P.: Experimental Determination of the Thermal Entrance Length for the Flow of Water and of Oil in Circular Pipes. Trans. ASME 77 (1955) 1211 bis 1220.

24 Hartnett, J.P.; Eckert, E.R.G.: Mass Transfer Cooling in a Laminar Boundary Layer with Constant Fluid Properties. Trans. ASME 79 (1957) 247-254.

25 Hartnett, J.P.; et all.: Mass Transfer Cooling in an Turbulent Boundary Layer. J. Aero Sci 8 (1960) 623-625.

26 Hausen, H.: Neue Gleichungen für die Wärmeübertragung bei freier oder erzwungener Strömung. Allg. Wärmetechn. 9 (1959) 75-79.

27 Hicken, E.: Wärmeübergang bei ausgebildeter laminarer Kanalströmung für am Umfang veränderliche Randbedingungen. Diss. TH Braunschweig 1966.

28 Higbie, R.: The rate of absorption of a pure gas into a still liquid during short periods of exposure. Trans. AIChE 31 (1935) 365-389.

29 Hilpert, R.: Wärmeabgabe von geheizten Drähten und Rohren im Luftstrom. Forsch.-Ing.-Wes. 4 (1933) 215-224.

30 Hofmann, E.: Die Wärmeübertragung bei der Strömung im Rohr. Z. ges. Kälte-Industrie 44 (1937) 99-107.

31 Hofmann, E.: Wärmeübergang und Druckverlust bei Queranströmung durch Rohrbündel. Z. VDI 84 (1940) 97-101.

32 Jaeschke, L.: Über den Wärme- und Stoffaustausch und das Trocknungsverhalten ruhender, luftdurchströmter Haufwerke aus Körpern verschiedener geometrischer Form in geordneter und ungeordneter Verteilung. Diss. TH Darmstadt 1960.

33 Jeschar, R.: Wärmeübergang in Mehrkornschüttungen aus Kugeln. Arch. Eisenhüttenwes. 35 (1964) 517-526.

34 Kast, W.: Zur Frage der Analogie zwischen Wärme- und Stoffaustausch. Wärme- u. Stoffübertragung 5 (1972) 15-21.

35 Kast, W.; Wintermantel, K.: Zur Darstellung des Druckverlustes und des Wärmeüberganges querangeströmter Glattrohrbündel. In Vorbereitung, s. VDI-Wärmeatlas, 2. Aufl., Abschn. Ld.

36 Knudsen, J.G.; Katz, D.L.: Fluid Dynamics and Heat Transfer. New York, Toronto, London: Mc Graw-Hill, 1958.

37 Krischer, O.: Die wissenschaftlichen Grundlagen der Trocknungstechnik. 2. Aufl. Berlin, Göttingen, Heidelberg: Springer, 1963.

38 Krischer, O.; Kast, W.: Wärmeübertragung und Wärmespannungen bei Rippenrohren. VDI-Forschungsh. 474 (1959).

39 Krischer, O.; Loos, G.: Wärme- und Stoffaustausch bei erzwungener Strömung an Körpern verschiedener Form. Chem.-Ing.-Techn. 30 (1958) 31-39 u. 69-74.

40 Krischer, O.: Wärme- und Stoffaustausch bei überströmten oder durchströmten Körpern verschiedener geometrischer Form. Chem.-Ing.-Techn. 33 (1961) 155-162.

41 Krischer, O.; Mosberger, E.: Wärme- und Stoffaustausch zwischen Partikeln und Luft bei Wirbelschichten und durchströmten Haufwerken. Chem.-Ing.-Techn. 37 (1965) 925-932 u. 1253-1258.

Literaturverzeichnis

42 Krischer, O.; Reinicke, H.: Einheitliche Darstellung des Wärmeüberganges bei überströmten Körpern und Kanälen. 4. Int. Heat Transfer Conf., Vol. II, FC 5.8, Paris: 1970.

43 Kroujiline, G.: Investigation de la couche-limite thermique. Techn. Phys. USSR 3 (1936) 183 u. 311.

44 Leveque, M.A.: Les Lois de la transmission de chaleur par convection. Ann. d. Mines 13 (1928) 276-290.

45 Linke, W.; Kunze, H.: Druckverlust und Wärmeübergang im Anlauf der turbulenten Rohrströmung. Allg. Wärmetechn. 4 (1953) 73-79.

46 Nikuradse, J.: Gesetzmässigkeiten der turbulenten Strömung in glatten Rohren. VDI-Forschungsh. 356 (1932).

47 Nikuradse, J.: Turbulente Reibungsschichten an der Platte. München: R. Oldenbourg, 1942.

48 Omohundro, G.A.; Bergelin, O.P.; Colburn, A.P.: Heat Transfer and Fluid Friction During Viscous Flow Across Banks of Tubes. Trans. ASME 71 (1949) 27-34.

49 Pasternak, I.S.; Gauvin, W.H.: Turbulent Heat and Mass Transfer from Stationary Particles. Can. J. Chem. Engng. 38 (1960) 35-42.

50 Perkins, H.C.: Forced Convection Heat Transfer from a Uniformly Heated Cylinder. Ph. D. Thesis in Mechanical Engng, Stanford Univers. 1963.

51 Perkins, H.C.; Leppert, G.: Forced Convection Heat Transfer from a Uniformly Heated Cylinder. J. Heat Transfer ASME 84 (1962) 257-263.

52 Pohlhausen, E.: Der Wärmeaustausch zwischen festen Körpern und Flüssigkeiten mit kleiner Reibung und kleiner Wärmeleitung. ZAMM 1 (1921) 115-121.

53 Reichardt, H.: Die Grundlagen des turbulenten Wärmeüberganges. Arch. ges. Wärmetechn. 2 (1951) 129-142.

54 Reinicke, H.: Einheitliche Darstellung des Wärme- und Stoffüberganges bei überströmten Körpern und Kanälen. Chem.-Ing.-Techn. 42 (1970) 364-370.

55 Reinicke, H.: Über den Wärmeübergang von kurzen durchströmten Rohren und querangeströmten Zylindern verschiedener Anordnung an zähe Flüssigkeiten verschiedener Prandtl-Zahl bei kleinen Temperaturdifferenzen. Diss. TH Darmstadt 1969.

56 Schlichting, H.: Grenzschicht-Theorie. 3. Aufl. Karlsruhe: G. Braun, 1958.

57 Schlünder, E.U.: Stoffübergang bei Verdunstungs- und Absorptionsvorgängen an einer ebenen überströmten Platte. Chem.-Ing.-Techn. 36 (1964) 484-492.

58 Sellars, J.R.; Tribus, M.; Klein, J.S.: Heat Transfer to Laminar Flow in a Round Tube or Flat Conduit - The Graetz Problem Extended. Trans. ASME 78 (1956) 441-448.

59 Sparrow, E.M.; Lin, S.H.; Lundgren, T.S.: Flow Development in the Hydrodynamic Entrance Region of Tubes and Ducts. Physics of Fluids 7 (1964) 338-347.

60 Stefan, J.: Sitzungsber. d. math. nat. Klasse d. Kaiserl. Akad. d. Wiss. Bd. 63, 2. Abt. Wien: 1871.

61 Stephan, K.: Wärmeübergang und Druckabfall laminarer Strömungen im Einlauf von Rohren und ebenen Spalten. Diss. TH Karlsruhe 1959.

62 Stewart, W.E.: Sc. D. Thesis. Mass. Inst. Techn. 1950.

63 Szablewski, W.: Der Einlauf einer turbulenten Rohrströmung. Ing.-Arch. 21 (1953) 323-330.

64 Ulsamer, J.: Die Wärmeabgabe eines Drahtes oder Rohres an einen senkrecht zur Achse strömenden Gas- oder Flüssigkeitsstrom. Forsch.-Ing.-Wes. 3 (1932) 94 bis 98.

Arbeitsdiagramm 1
Pr = 0,72

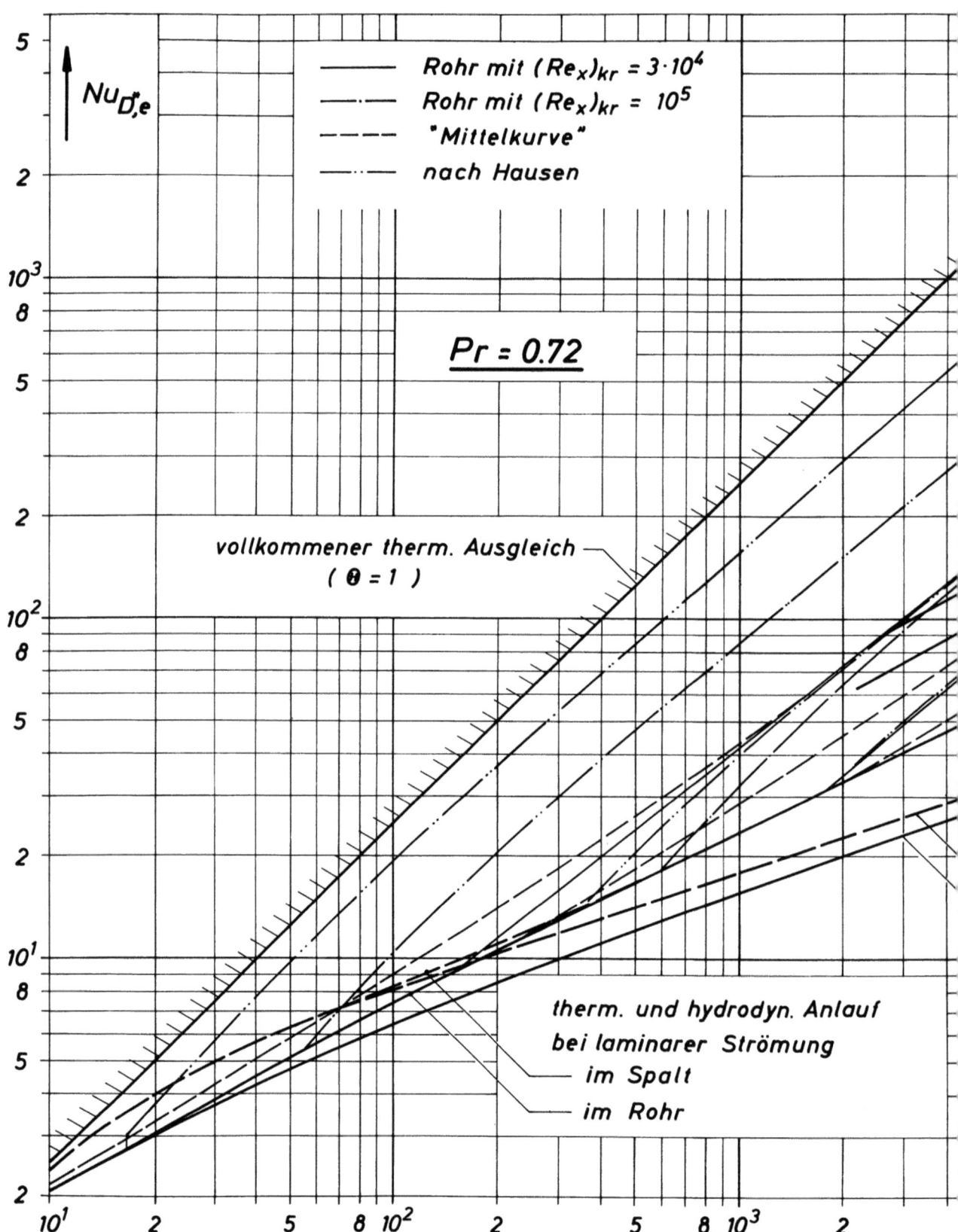

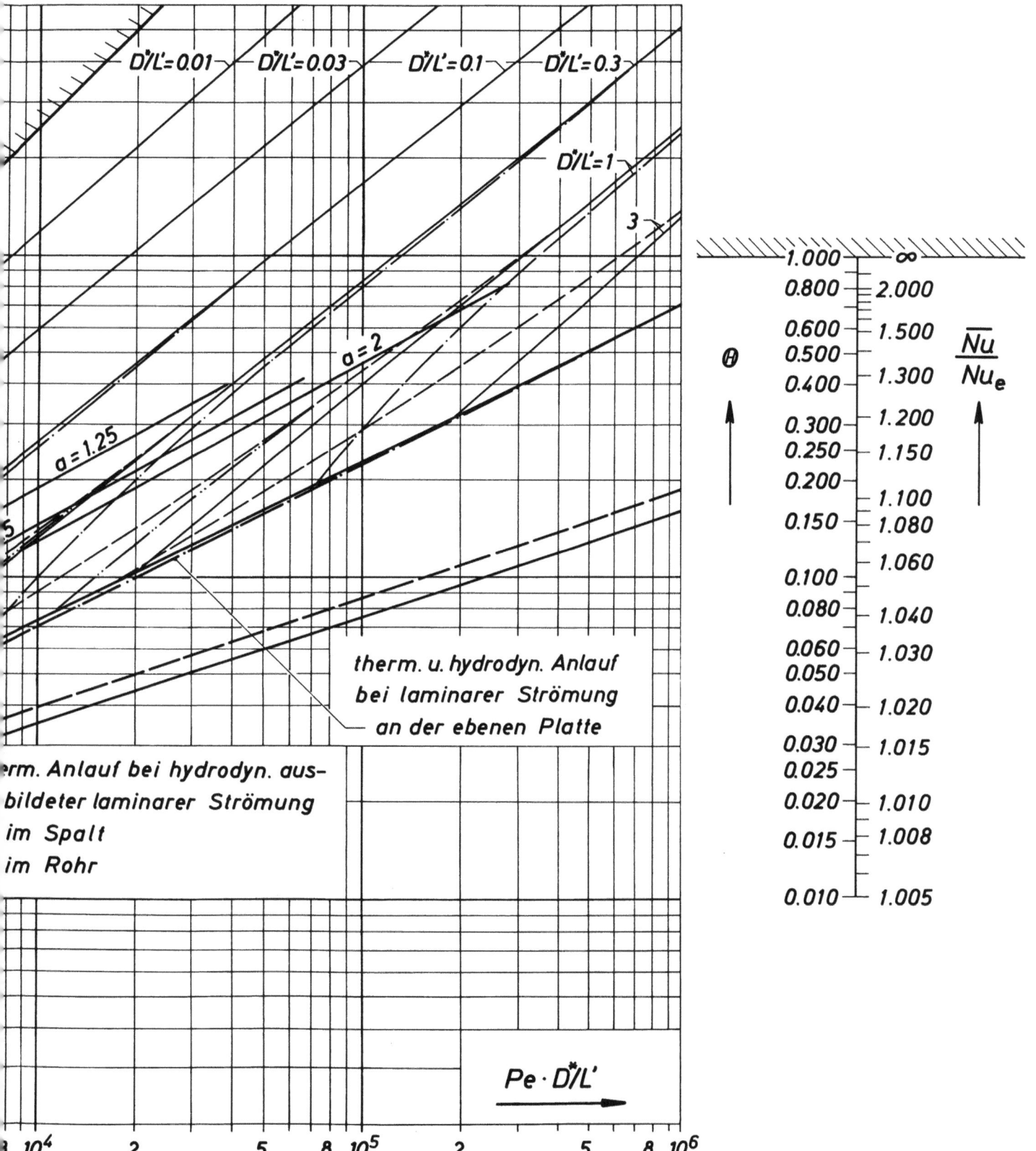

Arbeitsdiagramm 1

Arbeitsdiagramm 2
Pr = 1

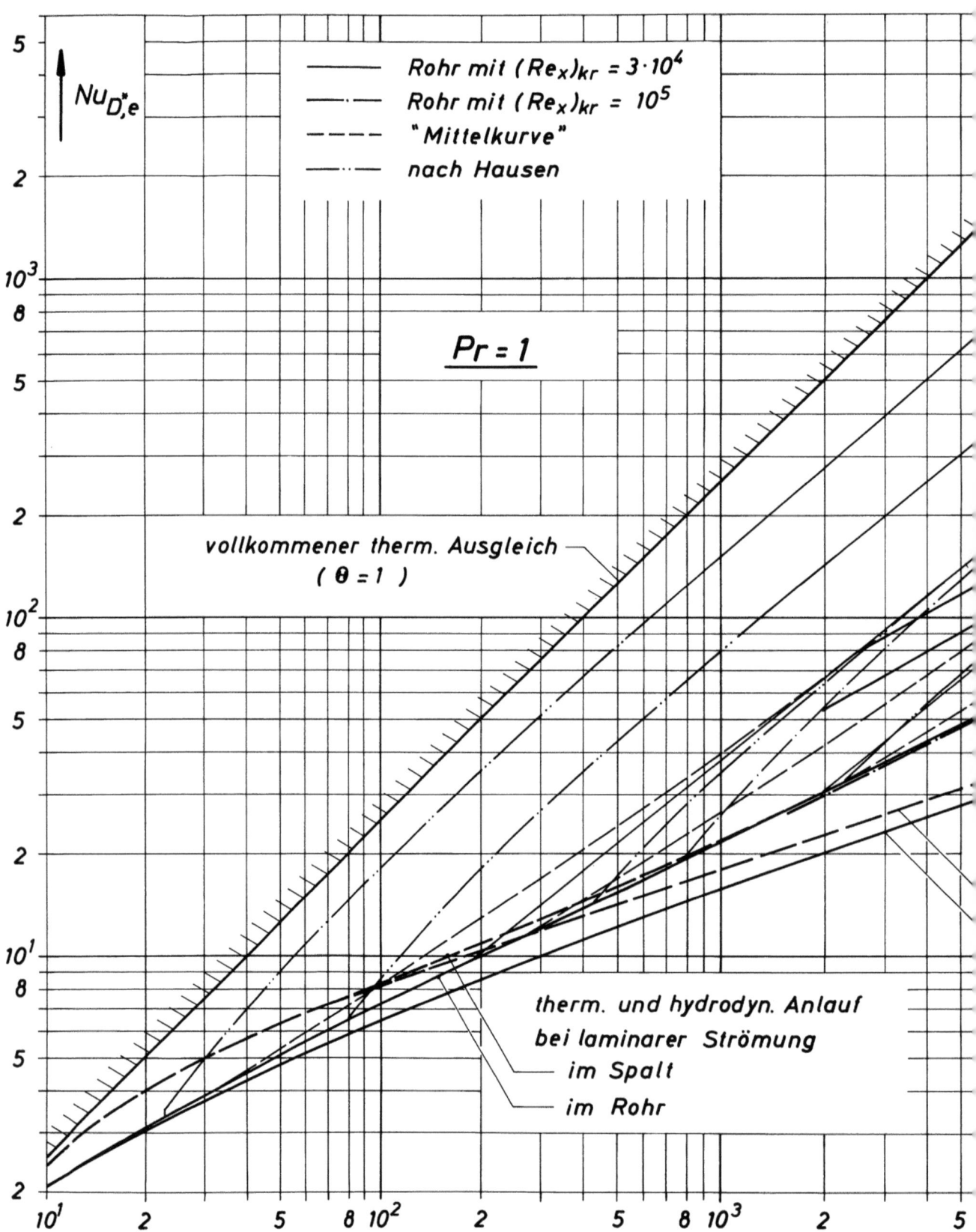

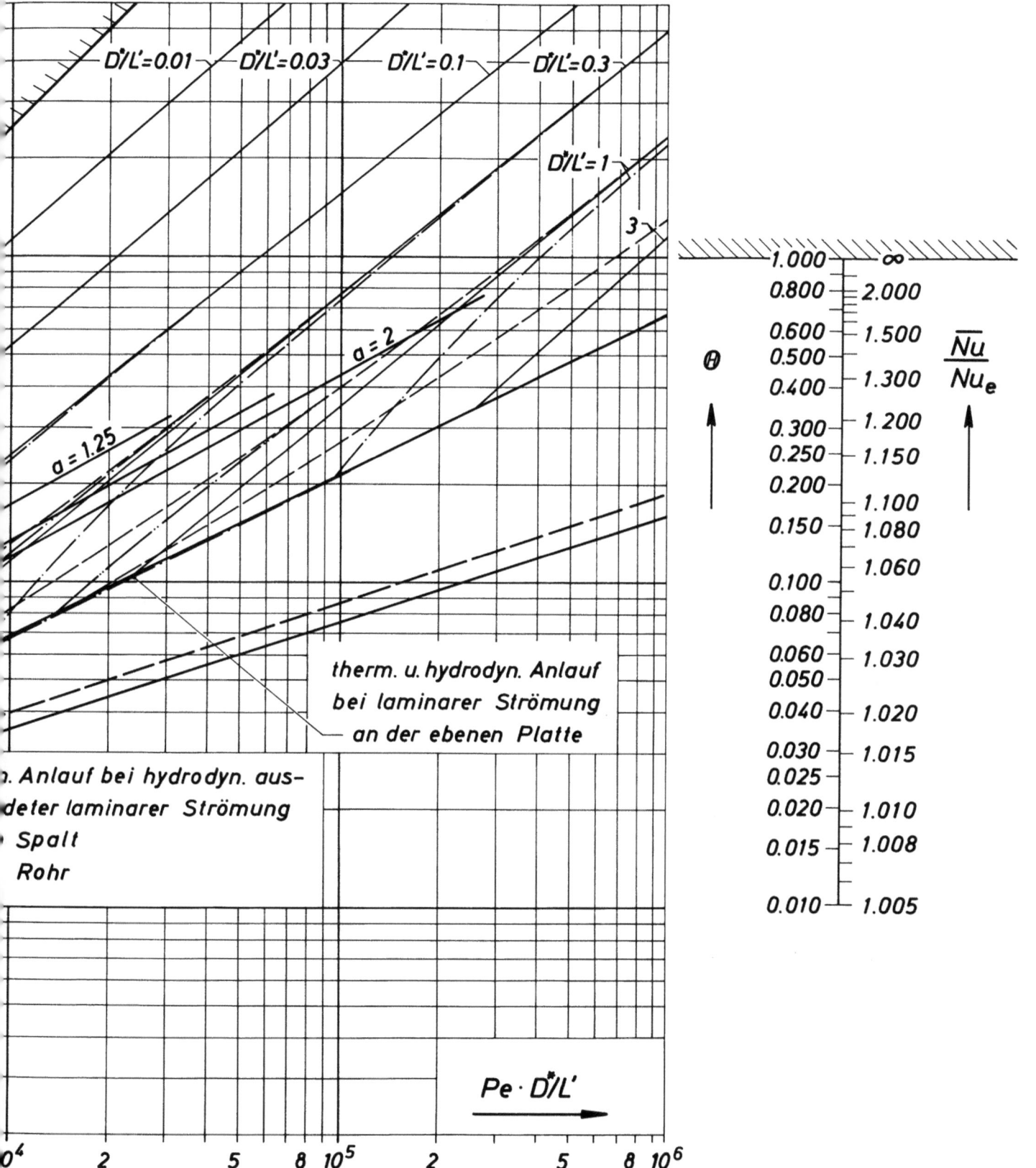

Arbeitsdiagramm 2

Arbeitsdiagramm 3
Pr = 3

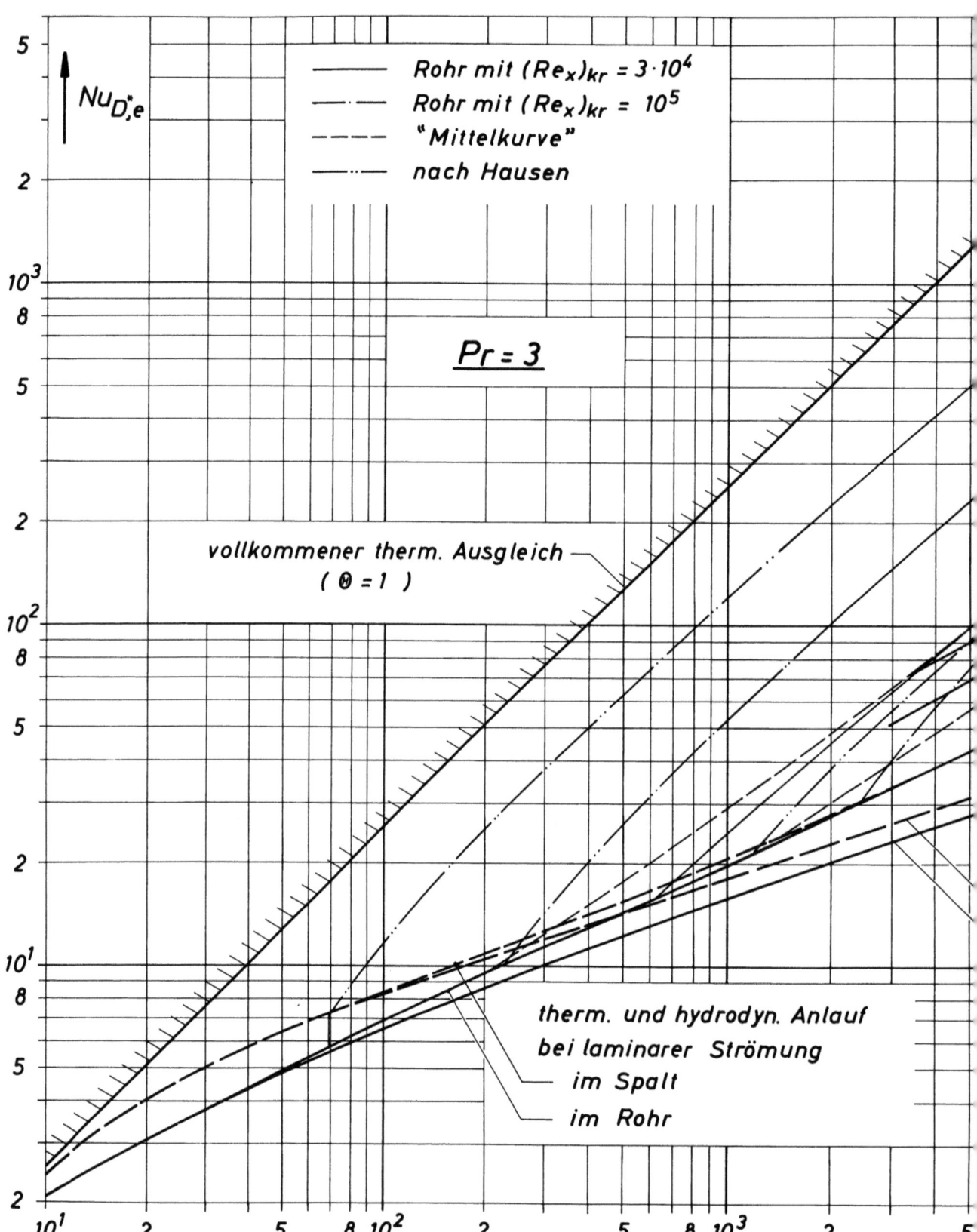

Arbeitsdiagramm 3

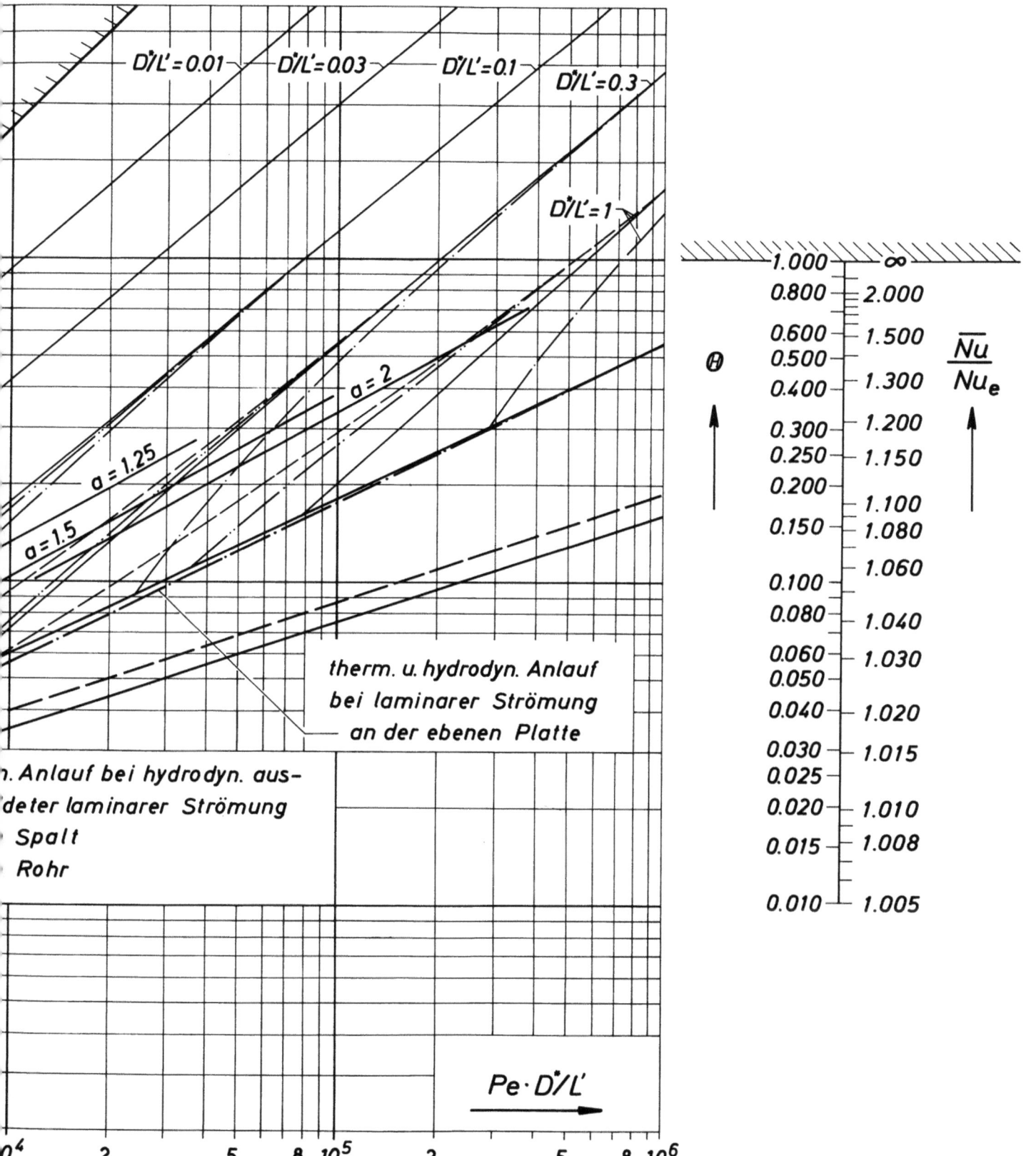

Arbeitsdiagramm 4
Pr = 10

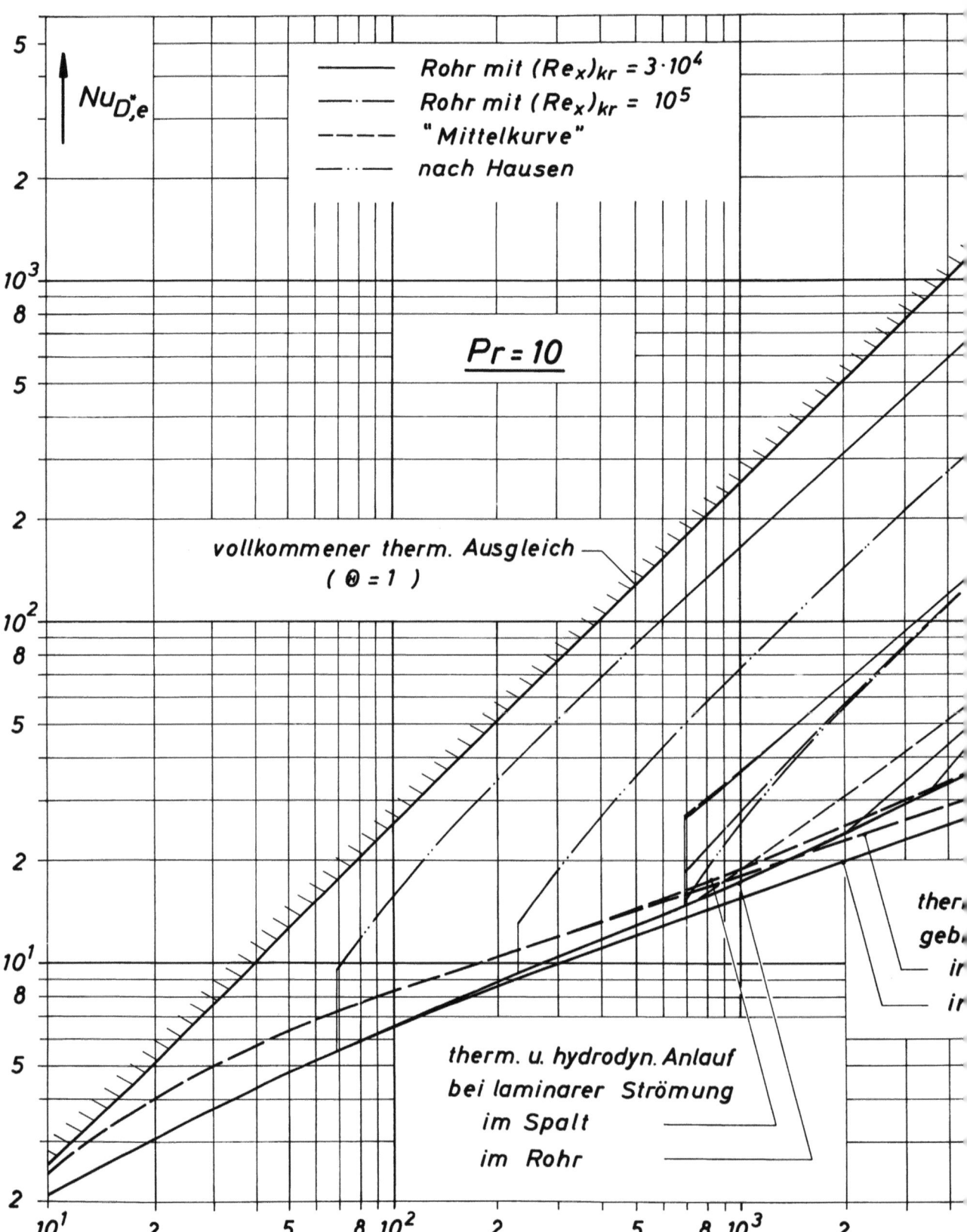

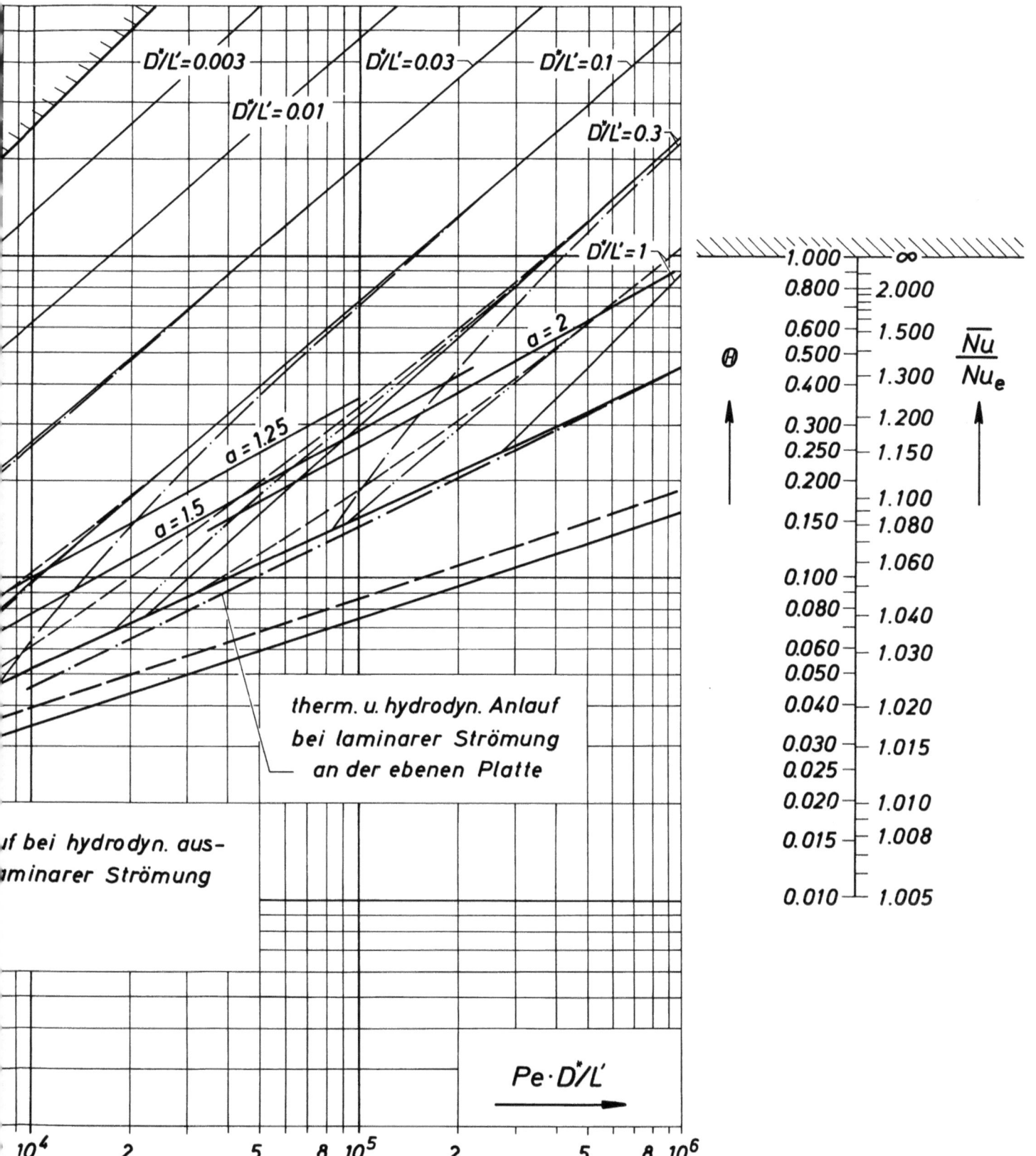

Arbeitsdiagramm 4

Arbeitsdiagramm 5
Pr = 30

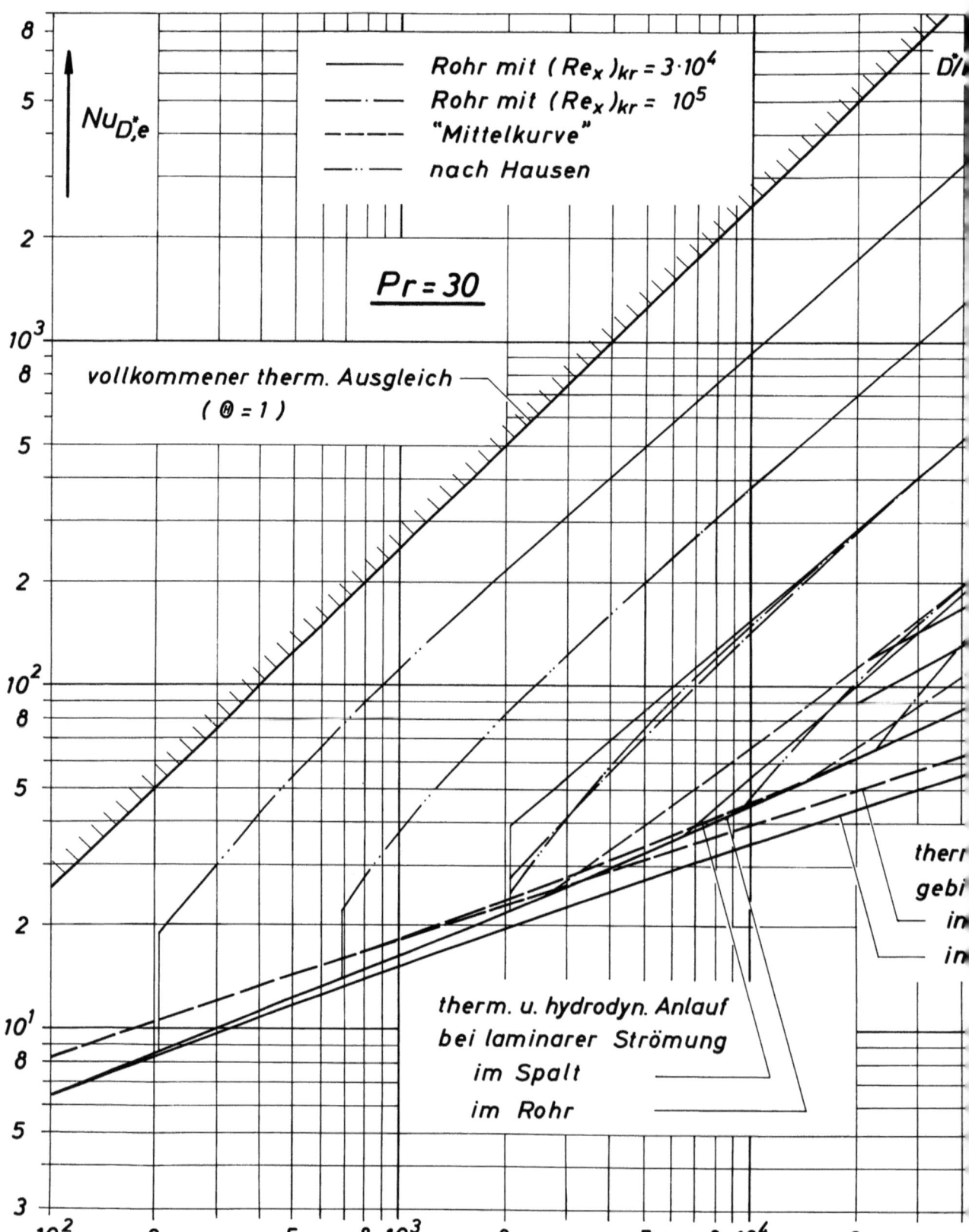

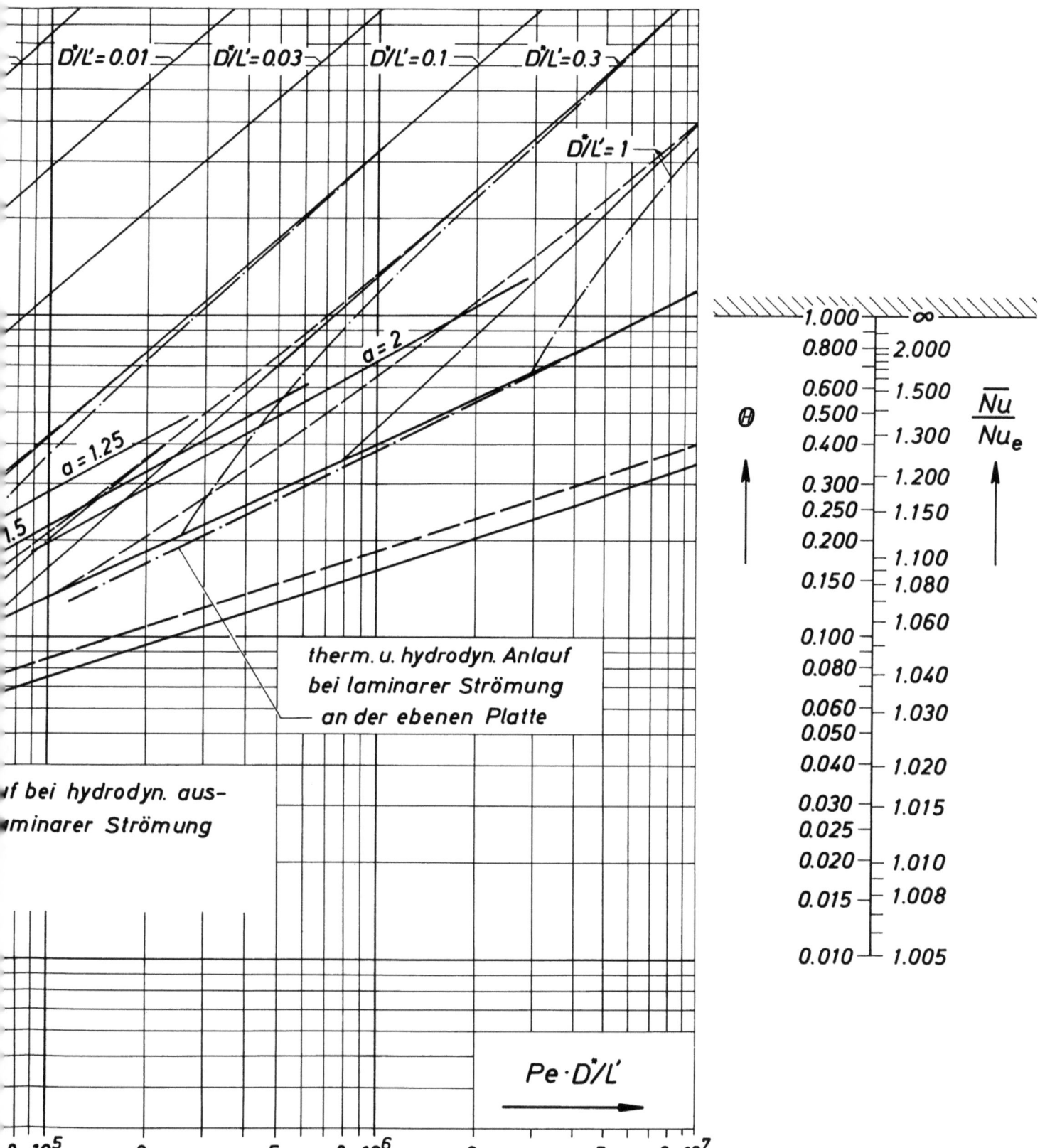

Arbeitsdiagramm 5

Arbeitsdiagramm 6
Pr = 100

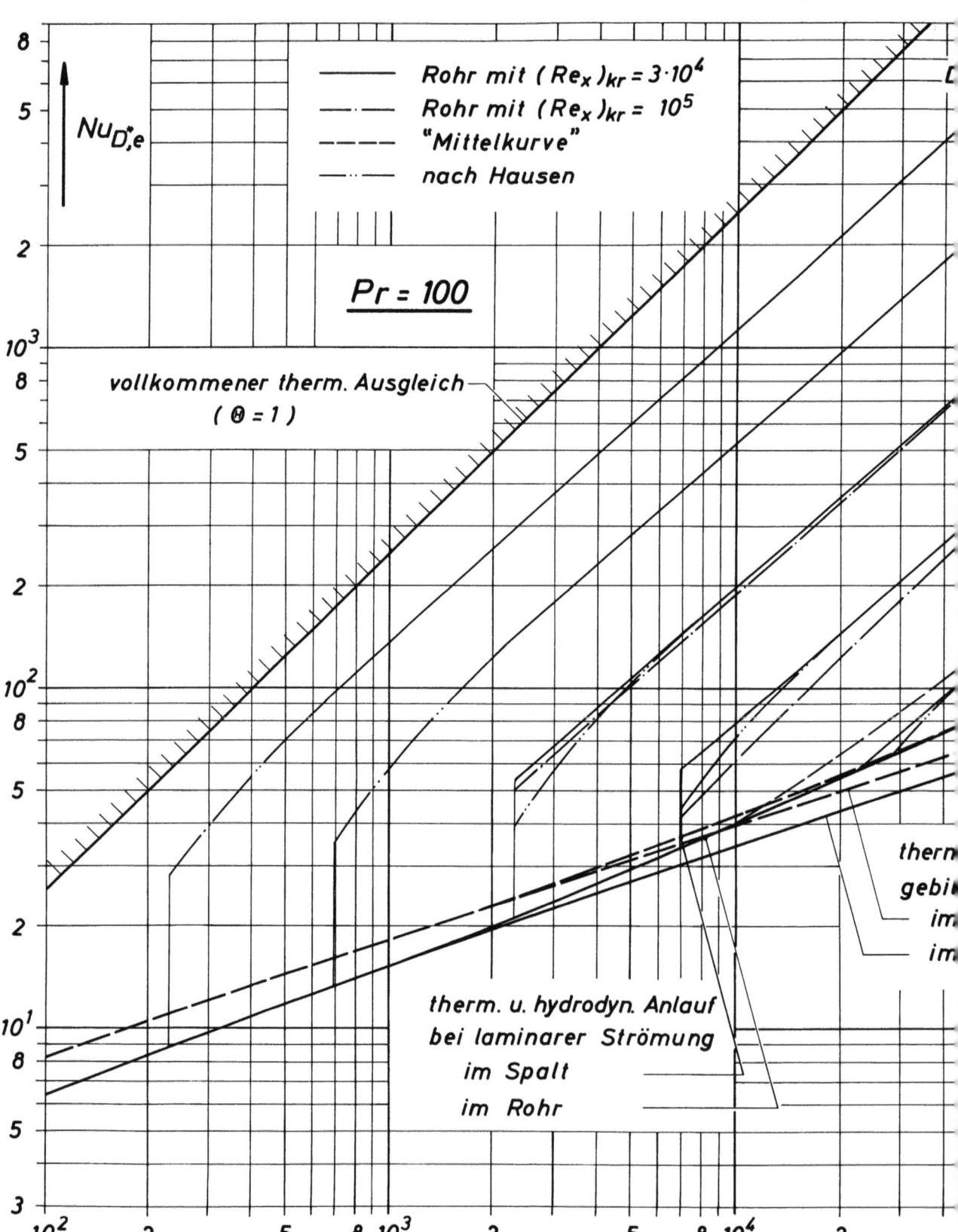

Arbeitsdiagramm 6

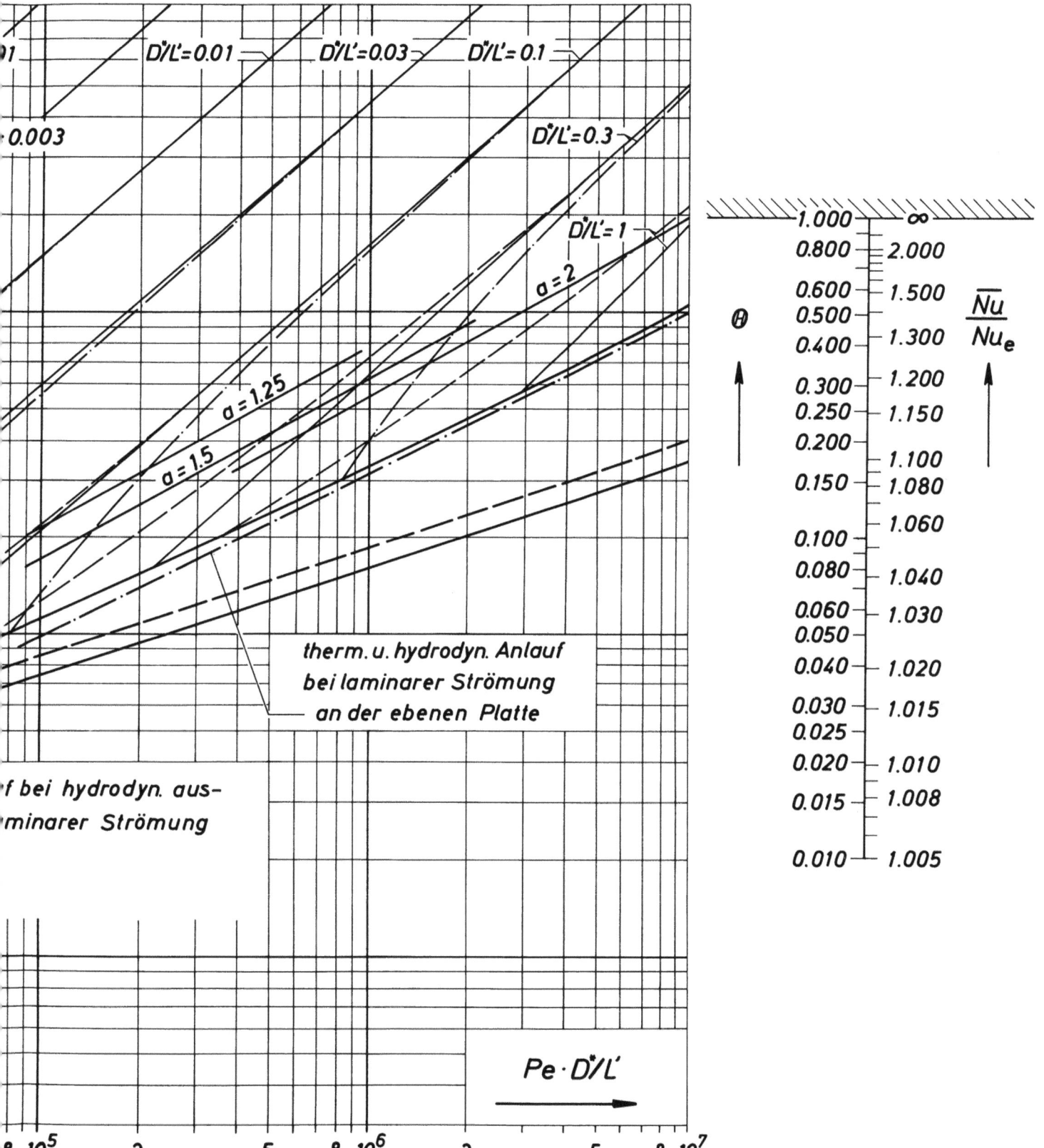

Arbeitsdiagramm 7
Pr = 300

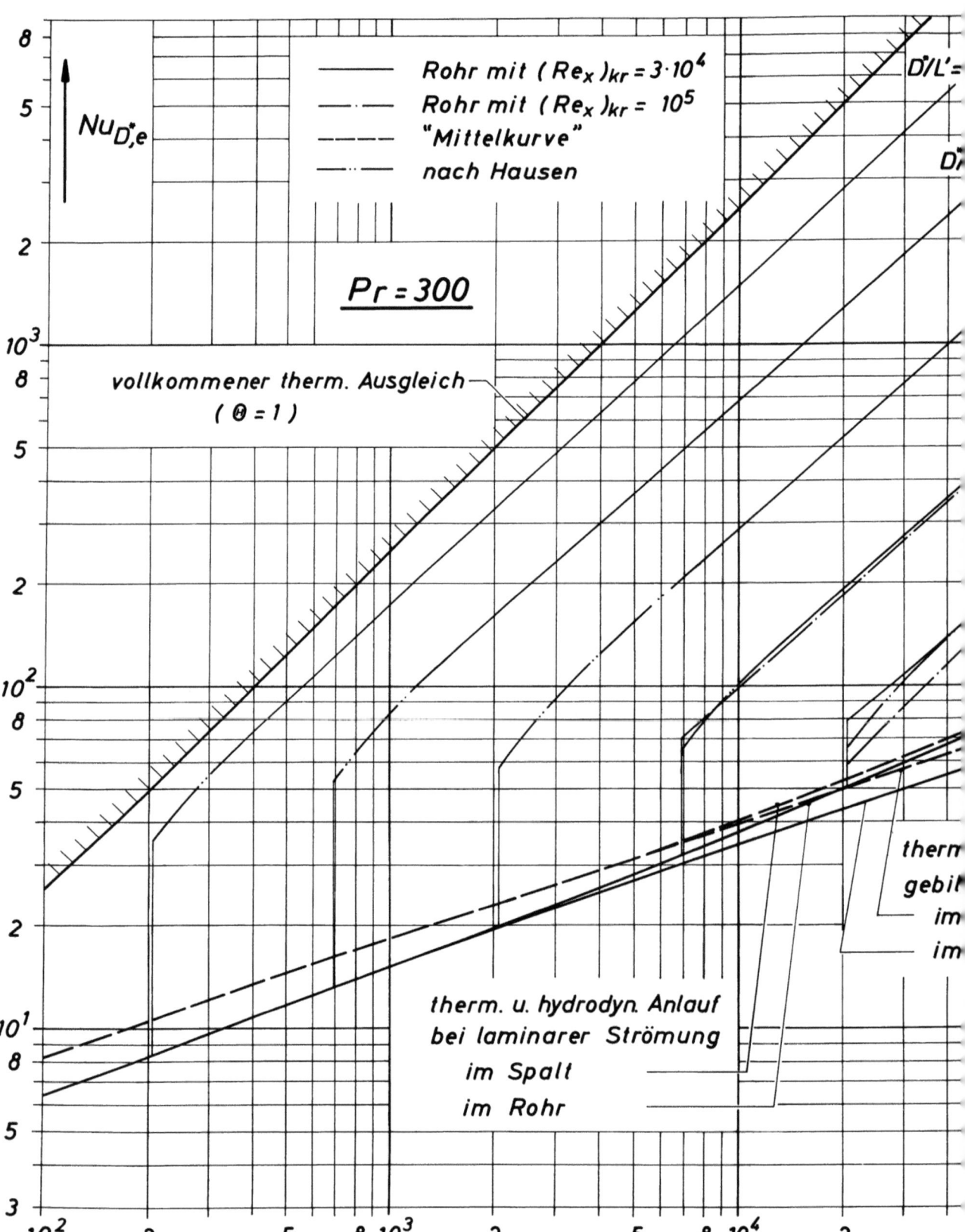

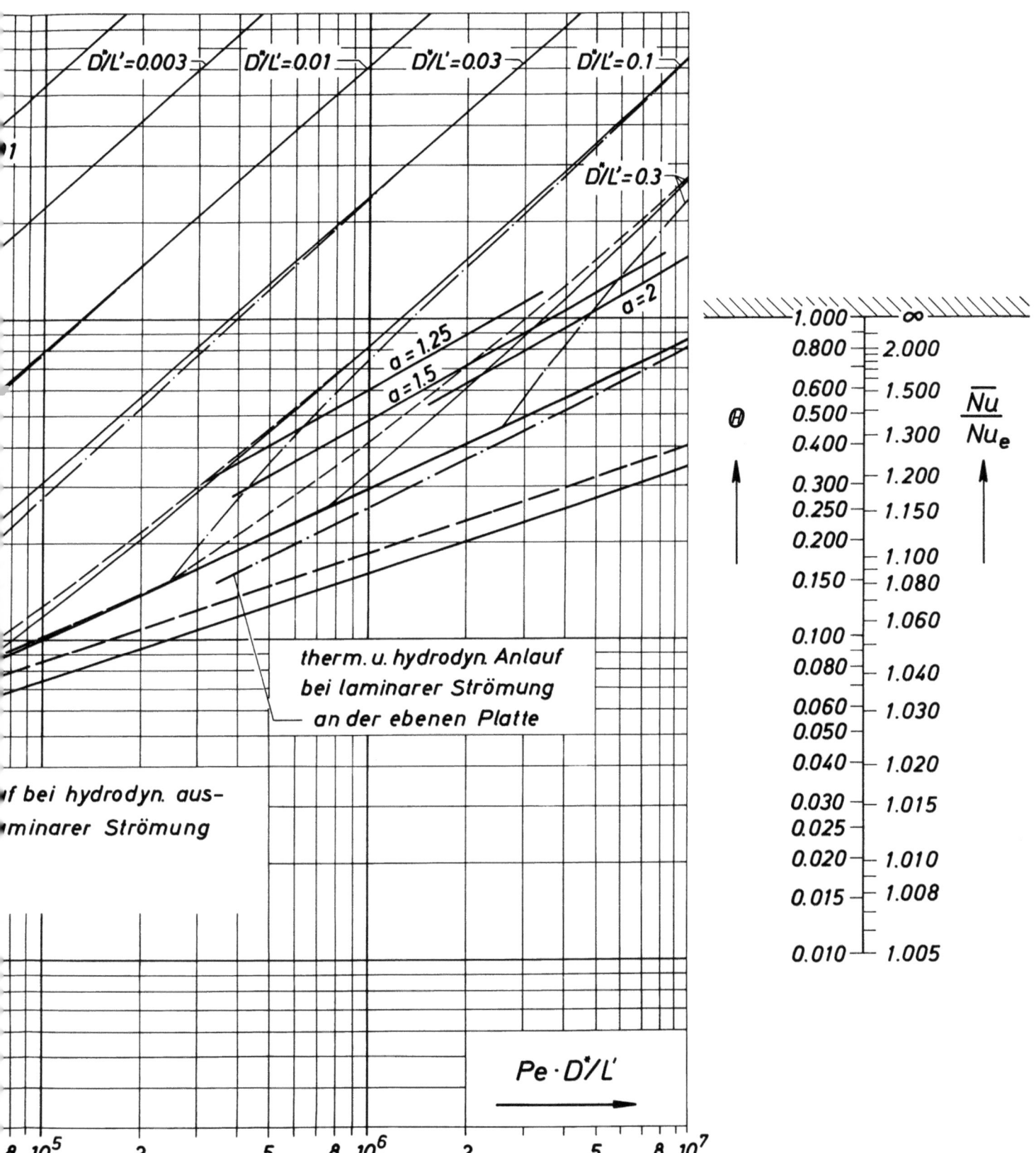

Arbeitsdiagramm 7

Arbeitsdiagramm 8
Pr = 500

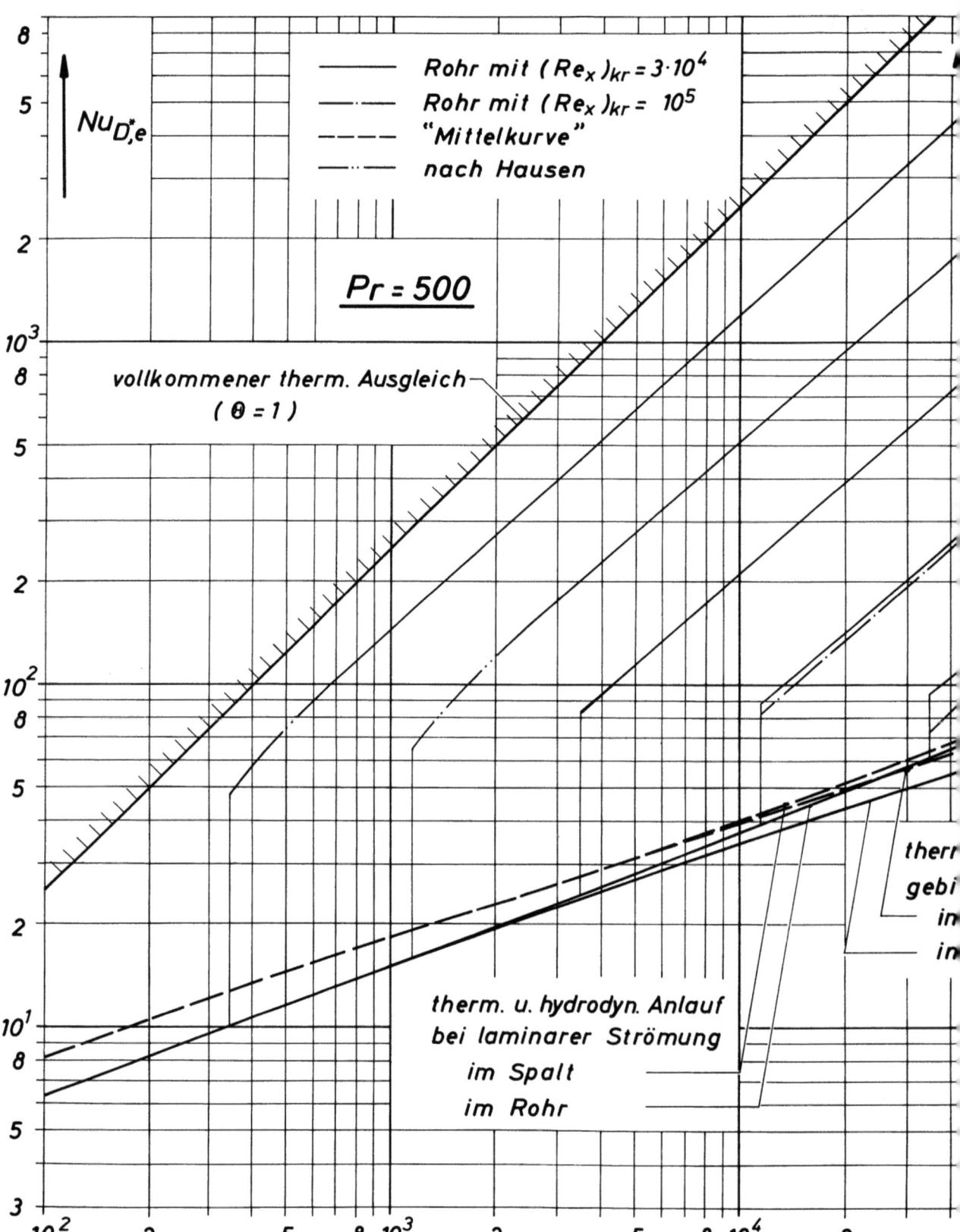

Konvektive Wärme- und Stoffübertragung

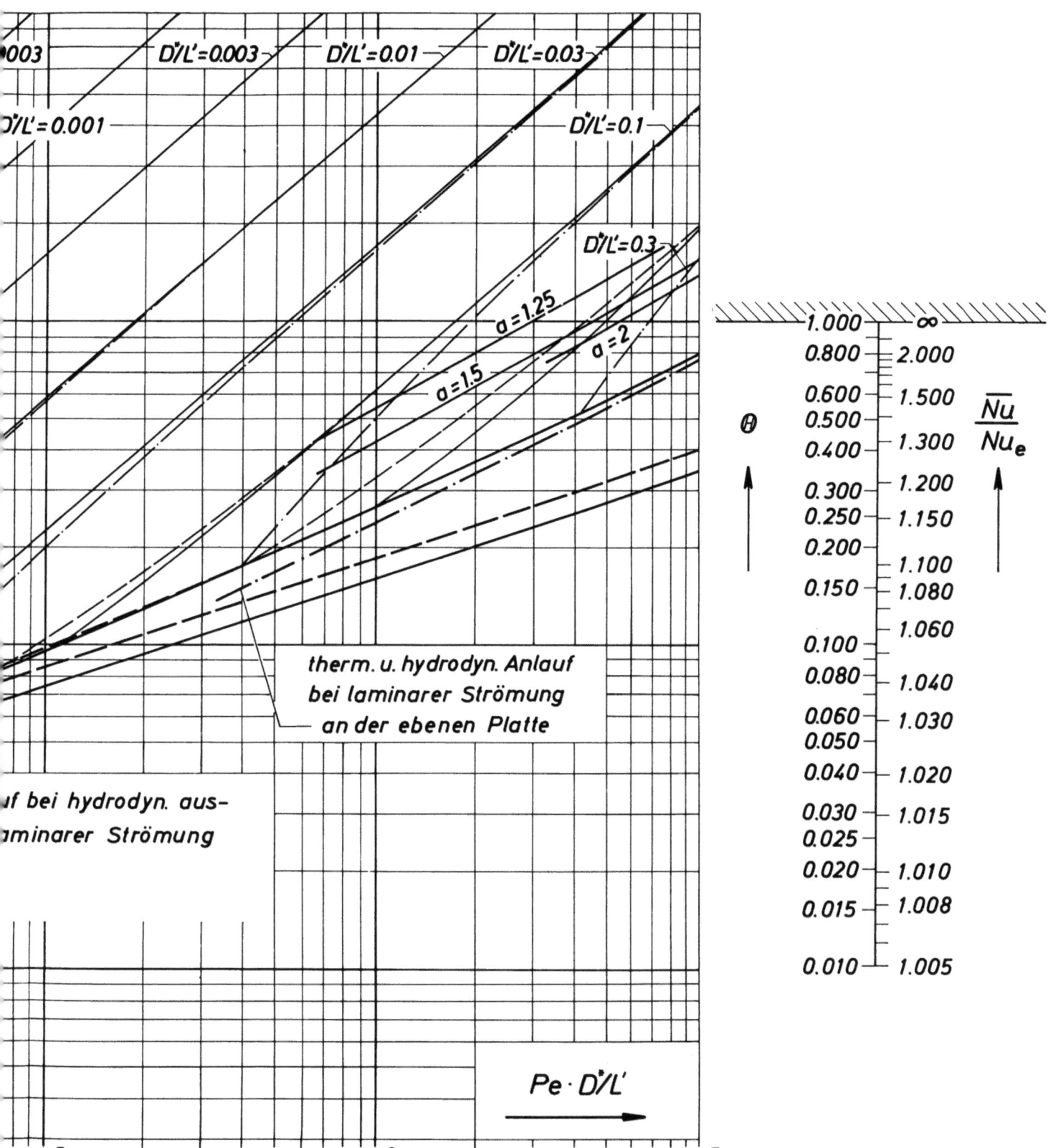

Arbeitsdiagramm 8

Arbeitsdiagramm 9
(Abb. 8)

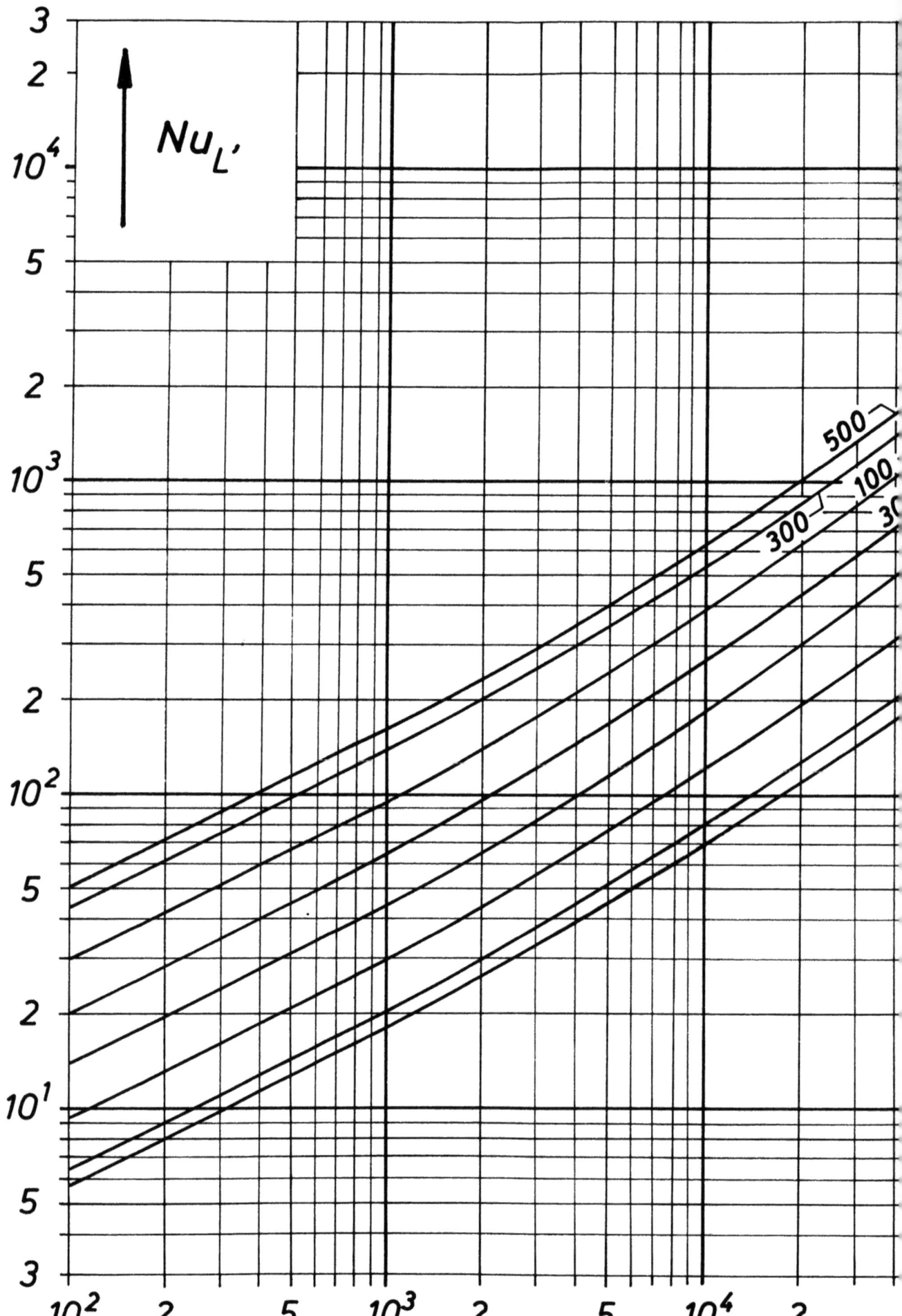

Kast, Konvektive Wärme- und Stoffübertragung

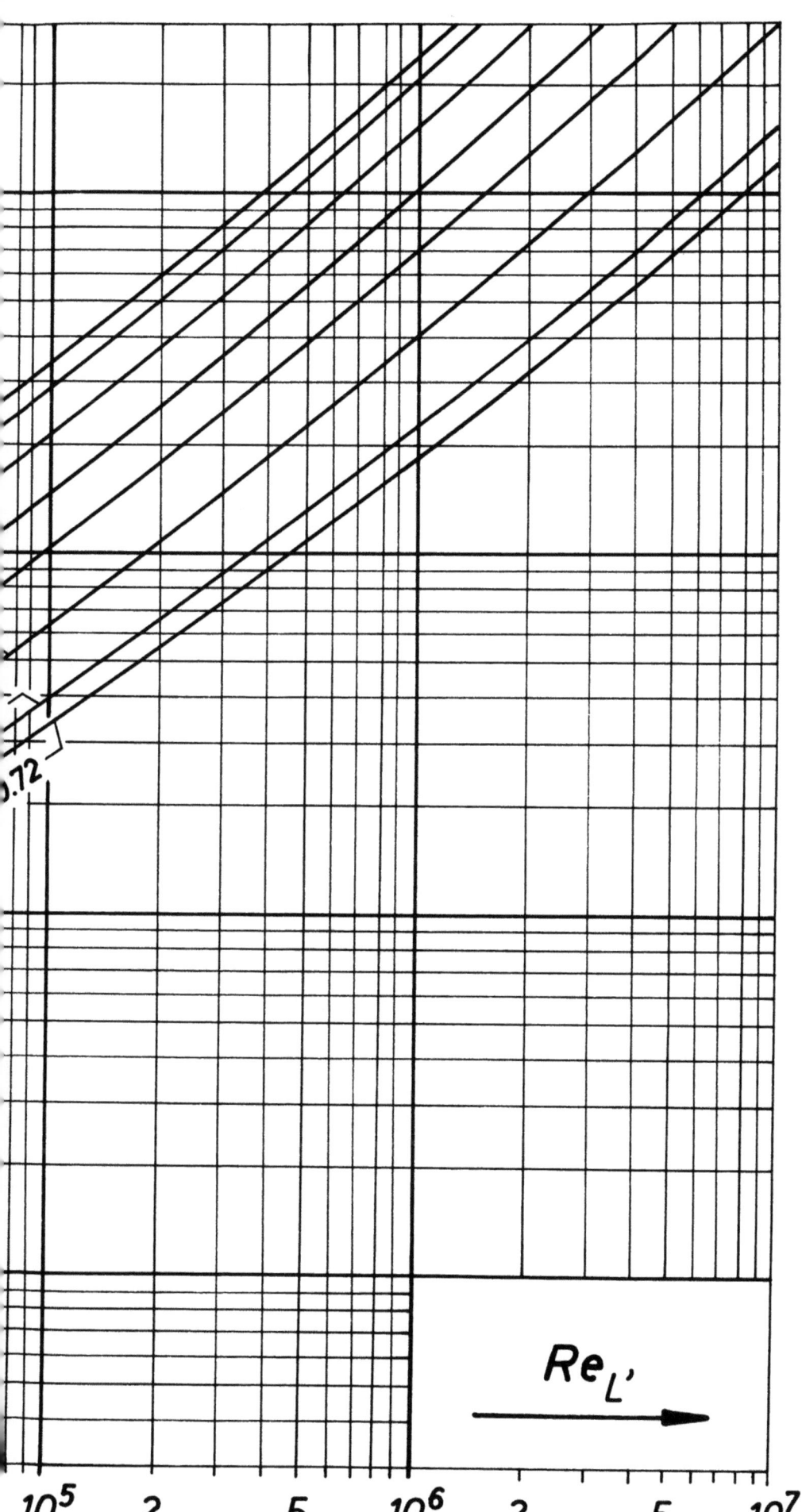

Arbeitsdiagramm 9
(Abb. 8)

Wärmeübergang bei umströmten Einzelkörpern für verschiedene Prandtl-Zahlen

© by Springer-Verlag, Berlin · Heidelberg 1974

Arbeitsdiagramm 10
(Abb. 14)

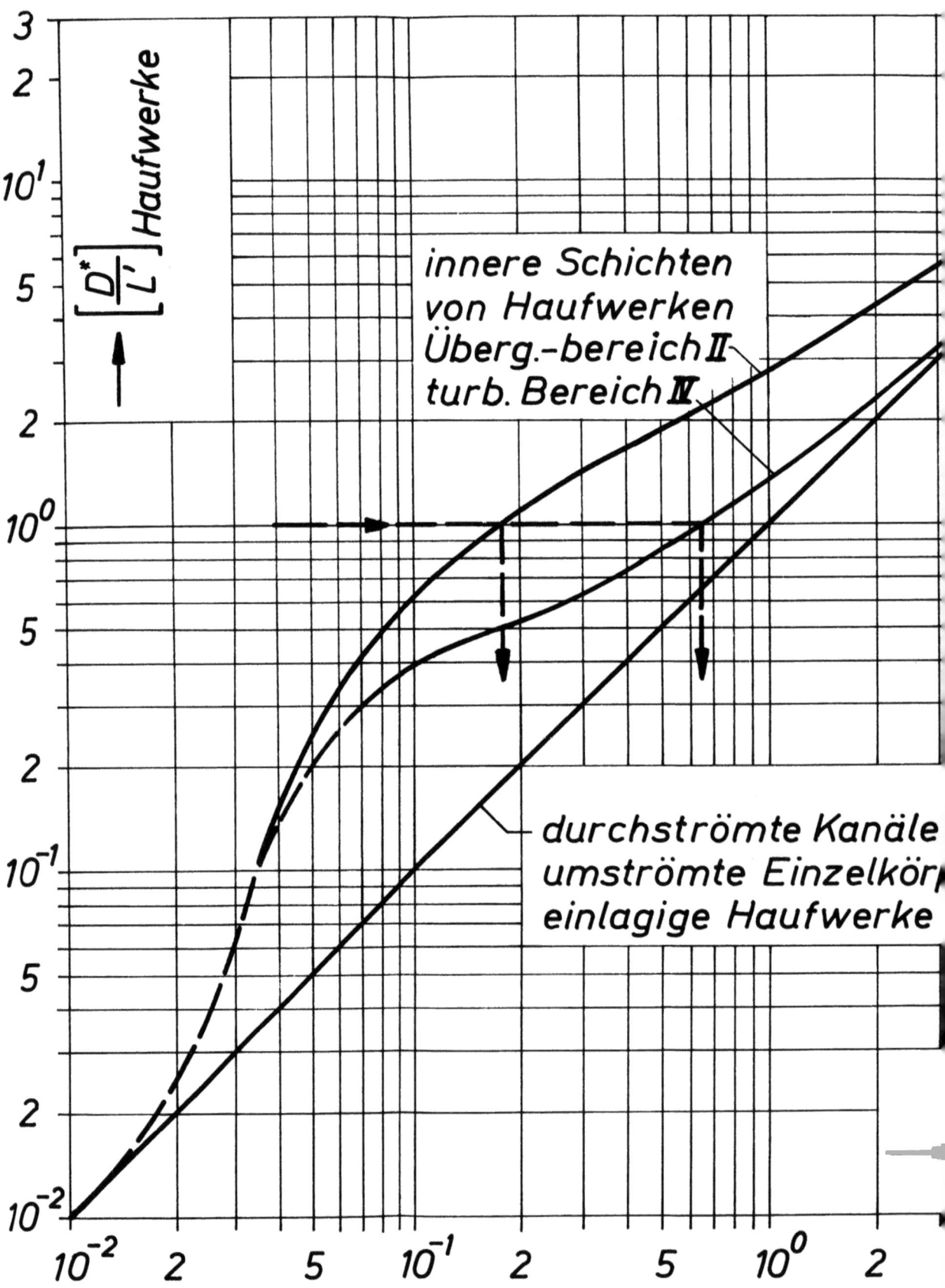

Arbeitsdiagramm 10
(Abb. 14)

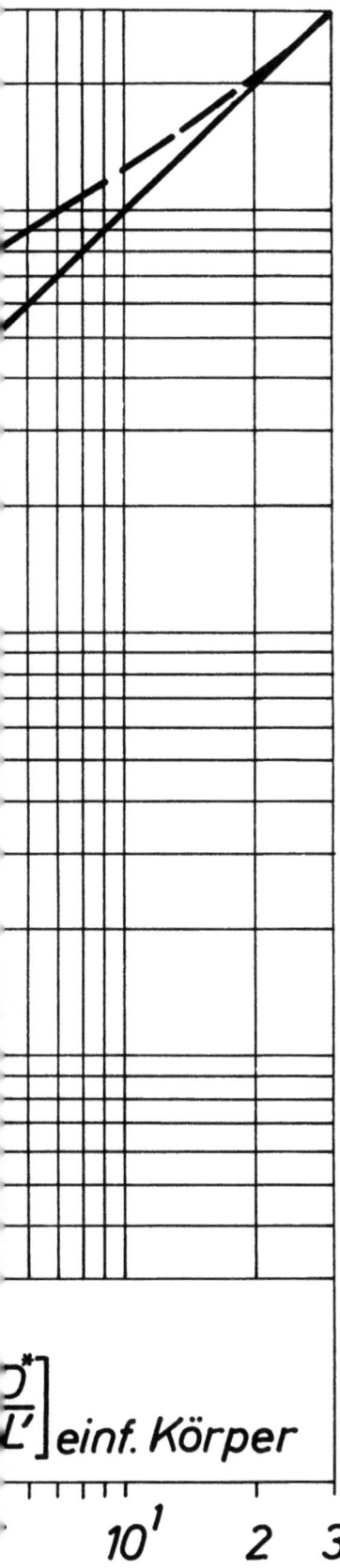

Parameter-
Zuordnungs-
diagramm
für
Haufwerke

© by Springer-Verlag, Berlin · Heidelberg 1974

If you have any concerns about our products,
you can contact us on
ProductSafety@springernature.com

In case Publisher is established outside the EU,
the EU authorized representative is:
**Springer Nature Customer Service Center GmbH
Europaplatz 3, 69115 Heidelberg, Germany**

Printed by Libri Plureos GmbH
in Hamburg, Germany